Projektträger für das

Schlussbericht vom 31.01.2025

zu IGF-Vorhaben Nr. 22539 N/1

Thema

Hybridverbindung zwischen CFK und Aluminium -HyFKAl-

Berichtszeitraum

01.08.2022 – 31.10.2024

Forschungsvereinigung

Forschungskuratorium Textil e.V.

Forschungseinrichtung(en)

Faserinstitut Bremen e.V.

Fraunhofer IFAM Bremen

Die **Forschungsberichte aus dem Faserinstitut Bremen**
Erscheinen in unregelmäßiger Folge.
Herausgegeben vom
Faserinstitut Bremen e.V. -FIBRE-
Am Biologischen Garten 2
D-28359 Bremen

Der vorliegende Band erscheint als Nr. 79 dieser Reihe.

Autoren: Marius Möller, Patrick Schiebel, Anna-Kathrin Sulz, Jan Clausen, Adrian Struß

Titel: HyFKAl - Hybridverbindung zwischen CFK und Aluminium

Verlag: BoD · Books on Demand GmbH, Überseering 33, 22297 Hamburg, bod@bod.de
Druck: Libri Plureos GmbH, Friedensallee 273, 22763 Hamburg

ISBN dieses Bandes: 978-3-8192-2589-5

ISSN der Reihe: 1618-7016

Danksagung

Das IGF-Vorhaben „HyFKAI" (IGF-Nr. 22539 N/1) der Forschungsvereinigung Forschungskuratorium Textil e.V., Reinhardtstraße 14-16, 10117 Berlin wurde über das DLR im Rahmen des Programms zur Förderung der industriellen Gemeinschaftsforschung IGF vom Bundesministerium für Wirtschaft und Klimaschutz aufgrund eines Beschlusses des Deutschen Bundestages gefördert. Dafür möchten wir an dieser Stelle herzlich danken.

Drüber hinaus gilt unser Dank den beteiligten Projektpartnern und den Mitgliedern des Projektbegleitenden Ausschusses für die gute Zusammenarbeit und die Unterstützung bei den Forschungsarbeiten.

Der Abschlussbericht kann am Faserinstitut Bremen e.V. (FIBRE) ausgeliehen werden.

Gefördert durch:

aufgrund eines Beschlusses
des Deutschen Bundestages

Zusammenfassung der Ergebnisse zum
IGF-Vorhaben Nr. 22539 N/1
„HyFKAl - Hybridverbindung zwischen CFK und Aluminium"

Im Projekt HyFKAl wurde der neuartige Ansatz weiter untersucht, eine CFK-Komponente direkt in den urformenden Prozess des Aluminiumdruckgießens einzubringen – im Folgenden als Hybridgussverfahren bezeichnet. Aufbauend auf vorherigen Ergebnissen, bei dem das CFK mit einem kostenintensiven Hochleistungsthermoplasten hergestellt wurde, konnte in diesem Projekt die Überführung und Anwendung des Verfahrens auf kostengünstigere Matrices gezeigt werden. Ziel war es eine Isolierschicht zu entwickeln, die das CFK vor dem Temperatureinfluss des flüssigen Aluminiums schützt und gleichzeitig eine gute Anbindung zwischen den beiden Materialien gewährleistet. Darüber hinaus konnte elektrochemische Entkopplung mithilfe der Isolierschicht gezeigt und so die Gefahr der Kontaktkorrosion eliminiert werden. Damit erfolgte ein wichtiger Schritt hin zur Überführung in eine Serienanwendung des Prozesses.

Zum Erreichen dieser Ergebnisse wurden zunächst verschiedene Matrices und Isolierschichtwerkstoffe hinsichtlich ihrer Temperaturbeständigkeit untersucht und eine Vorauswahl für die weiteren Untersuchungen getroffen. Hierbei wurden zwei Konzepte für die Isolierschicht verfolgt, zum einen ein anorganischer Werkstoff in Form von temperaturbeständigen Lacken für CFK mit thermoplastischer Matrix und die Verwendung von PEI mit und ohne Glasfaserverstärkung als Isolierschicht für CFK mit duroplastischer Matrix. Um die erzielbaren Anbindungsfestigkeiten zwischen Isolierschicht (unabhängig vom Werkstoff) und Aluminium weiter zu steigern, wurden verschiedene Formschlusskonzepte entwickelt, die die Zugfestigkeit um bis zu 140 % gesteigert haben.

In den Untersuchungen zeigten sich Poren im Bereich der Isolierschicht, welche vermutlich durch thermische Schwindung hervorgerufen wurden. Diese konnten mit dem Konzept einer „quellenden" Matrix kompensiert werden, bei dem das Laminat mit dem gezielten Einbringen von Treibmittel funktionalisiert werden konnte. Dieses Konzept wurde auch in den finalen Demonstrator eingebracht und dieser anschließend mechanisch charakterisiert. Die gemessenen Eigenschaften erreichten die des Vorgängerkonzeptes mit Hochleistungsthermoplast und somit konnte die erfolgreiche Überführung in andere Matrixwerkstoffe nachgewiesen werden.

Durch die wirtschaftliche Umsetzung des Prozesses zum werkstoffgerechten Fügen von CFK und Aluminium können die bestehenden Anwendungen mit diesem Werkstoffhybriden verbessert und neue Anwendungsfelder erschlossen werden. Dazu zählt unter anderem auch der Einsatz in Fahrzeugbau und Luftfahrt, wo beide Werkstoffe bereits zur Anwendung kommen und eine leichtbaugerechte Konstruktion bei gleichzeitiger Korrosionsbeständigkeit zwingend erforderlich ist.

Das Ziel des Forschungsvorhabens wurde erreicht.

Inhalt

1. Ausgangssituation

Im ersten Kapitel wird die technische und wirtschaftliche Motivation für das Projekt beleuchtet. Darüber hinaus werden die identifizierten Problemstellungen in Bezug auf Sandwichstrukturen genannt und näher erläutert.

1.1 Motivation für das Projekt

Zum Erreichen einer Reduzierung der CO_2 Emissionen sind Leichtbaustrukturen unerlässlich. Insbesondere Multimaterialbauweisen, beispielsweise aus CFK und Metall, führen durch ihren effizienten Materialeinsatz zu einer Reduzierung des Energiebedarfs und Senkung der CO_2 Emissionen. Daher profitiert der Mobilitätssektor mit dem Fahrzeugbau und der Luftfahrt im besonderen Maße von Multimaterialbauweisen. [Kro19, Bac17]

Der globale Faserverbundkunststoffmarkt erfährt seit Jahren ein konstantes Wachstum. Dabei steigt insbesondere die Bedarfsmenge an kohlenstofffaserverstärkten Kunststoffen (CFK) seit 2010 durchschnittlich um ca. 10 % jährlich. Den größten Bedarf an CFK haben unverändert mit 54 % die Branchen der Luft- und Raumfahrt sowie Transport und Mobilität. [Com24]

Die deutsche Textilindustrie ist dominiert von kleinen und mittelgroßen Unternehmen. Dabei beschäftigen knapp 96 % der insgesamt 689 Unternehmen weniger als 249 Mitarbeiter. Den mit 50 % größten Anteil machen die 348 Unternehmen aus die weniger als 49 Mitarbeiter beschäftigen. [Sta24a] 131 Unternehmen sind Hersteller von technischen Textilen [Sta24b]. Im Jahr 2023 erwirtschaftete die deutsche Textilindustrie einen Umsatz von 12,4 Mrd. Euro, von denen 2,9 Mrd. Euro auf die technischen Textilen entfallen. [Sta24c] Nach Jahren des kontinuierlichen Umsatzwachstum erfolgte 2020 ein starker Einbruch, von dem sich die Hersteller technischen Textilien mittlerweile wieder vollständig erholt haben. [GTe23]

Auch die deutsche Gießerei-Industrie ist eine typisch mittelständisch geprägte Branche, bei der sich viele der Unternehmen in kleine und mittlere Unternehmen (KMU) einordnen lassen. Deutsche NE-Gießereien waren 2022 sogar zu über 90 % mittelständische Unternehmen, während 39 % weniger als 50 Mitarbeiter beschäftigen. [BDG25] Für den Markt von komplexen Gussteilen, vorzugsweise aus Aluminium, wird in Europa, insbesondere in Deutschland, ein Aufwärtstrend prognostiziert. [IKB24] Dieser kann nur dann tatsächlich eintreten, wenn industrieseitig der technologische Wettbewerbsvorteil genutzt und ausgebaut wird.

Ein Anwendungsbeispiel für die Anwendung des in diesem Projekt untersuchten Herstellungsverfahrens kann anhand des sogenannten „Hatrack-Brackets" aus dem Flugzeugbau aufgezeigt werden. Das Bracket wird an der Rumpfstruktur verschraubt und hauptsächlich auf Zug beansprucht. Derzeit erfolgt die Herstellung des 145 g schweren Aluminiumbauteils über spanende Fertigungsverfahren, die ein Zerspanungsvolumen von ca. 90 % verursachen, siehe Abbildung 1 a). Die Umsetzung in der Hybridgusstechnologie ermöglicht eine Reduzierung des Gewichts um 20 % auf 115 g. Die Anbindungspunkte an der Rumpfstruktur sind in isotropem Aluminium ausgeführt, während das auf Zug belastete Auge aus anisotropen CFK gefertigt ist, siehe Abbildung 1 b).

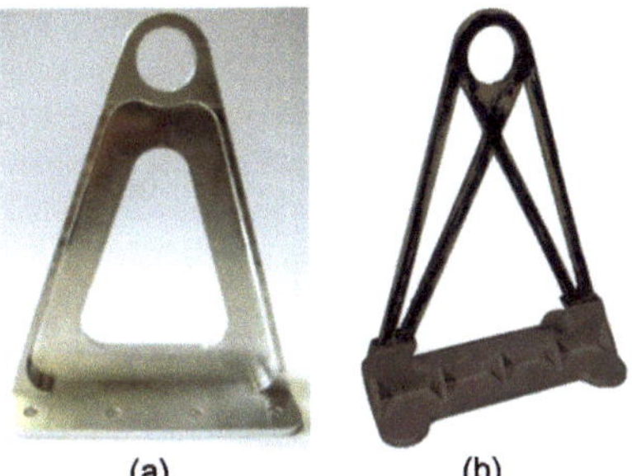

Abbildung 1:   Anwendungsbeispiel Hatrack-Bracket: a) Gefräste Aluminium Variante; b) Hybridguss Bracket

1.2 Problemstellung

Das Verbinden von Komponenten aus CFK- und Aluminium erfolgt größtenteils über mechanische und adhäsive Fügeverfahren. Daraus entstehende Nachteile sind unter anderem die Notwendigkeit zusätzlicher Fertigungsschritte und eine Erhöhung des Bauteilgewichts durch eingebrachte Fügeelemente. Dies durch neuartige Fügeverfahren zu verringern steht im Fokus zahlreicher Forschungs- und Entwicklungsaktivitäten. Es ist ein sicherer, kostengünstiger und serienfähiger Herstellungsprozess zum Verbinden beider Materialklassen erforderlich, um ein breites Anwendungsfeld zu realisieren.

Problemstellung 1: Aufwendige Fügeprozesse bei Multimaterialbauweisen aus CFK und Aluminium

Beim Fügen von Multimaterialsystemen treten verschiedene Herausforderungen auf, die prozessseitig besondere Aufmerksamkeit erfordern. Dies betrifft zum einen die Vielzahl von Fertigungsschritten, die notwendig sind, um ein gefügtes Multimaterialbauteil zu erzeugen (Reinigung, Oberflächenvorbehandlung, Positionieren für den Fügeprozess, Fügeprozess). Auch sind für die Positionierung im Fügeprozess ein aufwändiges Toleranzmanagement und eine geeignete Qualitätssicherung notwendig. Zum anderen erfolgt das Fügen von Multimaterialsystemen mittels konventioneller mechanischer Verfahren. Im automobilen Karosseriebau wird auf Verfahren wie Blindnieten, Fließformschrauben, Voll- und Halbhohlstanznieten sowie Clinchen in Kombination mit adhäsiven Fügetechnologien zurückgegriffen. [Car17, Fri13, Wil14, Pra17]

Die mechanischen Fügeverfahren haben zur Folge, dass durch das notwendige Bohren die Faserverläufe des CFK unterbrochen werden und somit die Festigkeit herabgesetzt wird. Dieses wird durch zusätzliche Verstärkungslagen auf Kosten der Leichtbaugüte kompensiert. [Sch07]

Problemstellung 2: Korrosionsverhalten von CFK und Aluminium bei direktem Kontakt

Da die kritische Potentialdifferenz von 100 mV zwischen Kohlenstofffasern und Aluminium (AlMgSi) überschritten wird, kommt es bei einem Kontakt der beiden Werkstoffe unter Einwirkung eines Elektrolytes zu Kontaktkorrosion. Dabei wirken die elektrochemisch edleren Kohlenstofffasern (+70 mV) als Katode und das unedlere Aluminium (AlMgSi) (- 780 mV) als Anode, was zur einer Werkstoffauflösung des Aluminiums infolge der Kontaktkorrosion führt. Um dies zu vermeiden, werden in der Luftfahrt Fügeelemente aus Titanlegierungen eingesetzt, die einen geringen elektrochemischen Potentialunterschied aufweisen. Im Automobilbau wird, zum Vermeiden von Kontaktkorrosion, auf Fügelemente aus austenitischem Edelstahl zurückgegriffen. Eine zusätzliche Verklebung zwischen CFK und Aluminium wirkt zudem als Isolationsschicht. [Rei13, Bau16]

Problemstellung 3: Kriechneigung CFK bei mechanischen Fügeverfahren

Mechanisch gefügte hybride Verbindungen aus CFK und Metallen sind anfällig für Klemmkraftverluste der Fügelemente. Da das viskoelastische Kriechen im CFK hauptsächlich in Dickenrichtung auftritt, hat dies einen Einfluss auf die ursprüngliche Vorspannung (Klemmkraft) der Verbindungselemente. Die Klemmkraft der Verbindungelemente nimmt über die Zeit ab und wirkt sich negativ auf die Verbindungsfestigkeit des Gesamtverbundes aus. Begünstigt wird das viskoelastische Verhalten von CFK zusätzlich durch Einfluss erhöhter Temperaturen und Feuchtigkeit. [Cac04, Gal20]

2. Forschungsziel und Lösungsweg

Multi-Materialbauweisen sind im modernen Leichtbau notwendig, um kosteneffizient gewichtsoptimierte Strukturen zu fertigen und dafür die Vorteile der verschiedenen Werkstoffe effizient zu nutzen. Die Herstellung solcher Strukturen ist bisher mit hohem manuellem Aufwand verbunden und die Komplexität der Fertigungsschritte wird durch notwendige Fügeverfahren erhöht. Zusätzlich ergibt sich das Risiko von Kontaktkorrosion der Fügepartner. In diesem Kapitel wird das Forschungsziel des Projekts vorgestellt, der Lösungsweg präsentiert und Bezug auf die wirtschaftliche Relevanz für kleine mittelständische Unternehmen (KMU) genommen.

2.1 Forschungsziel

Aufbauend auf den Ergebnissen des DFG-Projekts „Hybridguss" (Projekt-Nr.: 281570803) war es das Ziel dieses Forschungsvorhabens, eine elektrochemische Entkoppelung zwischen CFK und Aluminium mittels Isolierschicht aus kostengünstigeren Werkstoffen zu realisieren. Auch der Matrixwerkstoff des CFK-Laminats wurde durch alternative, kostengünstigere Werkstoffe umgesetzt. Dem textilen Aufbau des Laminates kommt dabei eine Schlüsselfunktion zu, da hier ein Übergang vom CFK zur Isolationsschicht gewährleistet wird. Die Verbindung zwischen CFK und Aluminium wird dabei primär über einen Formschluss durch ein angepasstes Textil umgesetzt. Eine Kombination zueinander passender Werkstoffe ermöglicht die Fertigung eines im Druckgießprozess realisierten hybriden Verbunds aus CFK und Aluminium, der sich durch verhältnismäßig geringe Kosten auszeichnet und für die Serienfertigung wie bspw. im Automobilbau geeignet ist.

2.2 Lösungsweg zur Erreichung des Forschungsziels

Es wurden zwei Isolierschicht-Konzepte für den CFK-Aluminium Übergangsbereich erarbeitet, welche auf duroplastische und thermoplastische Matrixwerkstoffe des CFK angepasst sind. Das erste Konzept verfolgt den Ansatz eines anorganischen nichtmetallischen Werkstoffes für die Isolierschicht in Kombination mit einem CFK aus thermoplastischer Matrix, siehe Abbildung 2. Untersuchungen an unterschiedlichen textilen Halbzeugen und Materialen hinsichtlich einer geeigneten Verbindung mit potentiellen Isolierschichten wurden durchgeführt und verschiedene Applikationsmethoden für das CFK mit thermoplastischer Matrix betrachtet. Schwerpunkt ist die thermische Isolierwirkung der Zwischenschicht, die eine Entstehung temperaturbedingter Degradationen und Eigenspannungen im CFK verhindern kann. Die Verbindung auf Bauteilebene erfolgt durch einen Formschluss zwischen Aluminium und CFK, welcher über das Textil z.B. mit Schlaufen und Hinterschnitten durch lokale Aufdickung des Laminats umgesetzt wird.

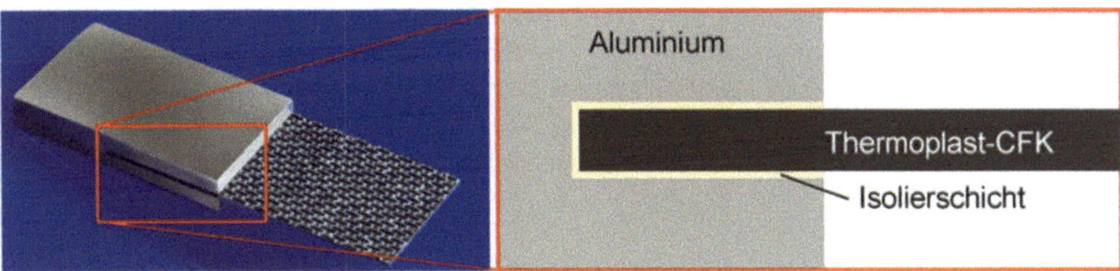

Abbildung 2:   Isolierschichtkonzept 1 mit anorganischer Isolierschicht

Für die Realisierung des zweiten Isolierschichtkonzepts wurde ein lokal temperaturbeständiges Matrixmaterial in Form eines EP-TP-Hybridlaminates mit einer PEI Grenzschicht eingesetzt, siehe Abbildung 3. Der hochtemperaturbeständige Thermoplast PEI wurde als funktionale Grenzschicht zwischen CFK und Aluminium eingebracht. Zur elektrochemischen Isolierung wurde eine

Glasfaser-PEI Schicht verwendet. Diese GF-PEI Schichten werden zusammen mit der EP Matrix des CFK Grundlaminates zu einem Hybridlaminat ausgehärtet. Im anschließenden Aluminium-druckgussvorgang wird das Hybridlaminat umgossen und ebenfalls durch einen textilen Form-schluss mit dem Aluminium verbunden.

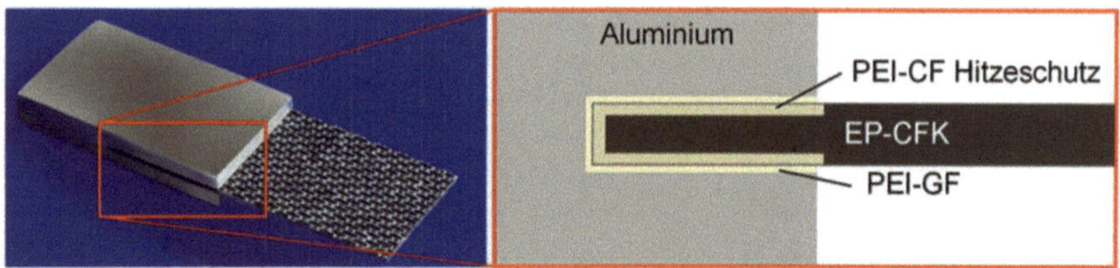

Abbildung 3:   Isolierschichtkonzept 2 mit hybridem Laminat aus PEI-Schichten

In Abbildung 4 dargestellt ist die Prozesskette für die Herstellung eines CFK Bauteils mit Isolier-schicht, welches anschließend im Druckgussverfahren mit dem Aluminium umgossen wird. Die Herstellung umfasst dabei drei wesentliche Prozessschritte, die im Folgenden näher erläutert werden.

Prozesskette

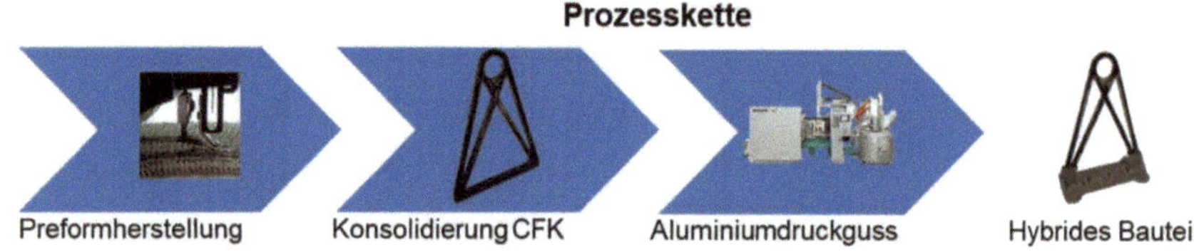

Abbildung 4:   Prozesskette für die Herstellung eines Bauteils im Hybridguss-Verfahren

Preformherstellung

Eine Möglichkeit die textilen Preforms herzustellen, ist das TFP-Verfahren. Dabei werden Faser-bündel (Rovings) einem computergesteuerten Nähprozess zugeführt. Die Fasern werden im Pro-zess auf einem Trägermaterial abgelegt, welches in einer Zickzack-Bewegung entlang des Able-gepfades verfahren wird. So kann der Nähfaden auf beiden Seiten des Rovings mit einem Stich gesetzt werden und so den Roving mittig zwischen zwei Stichen fixieren, wie in Abbildung 5 dar-gestellt. Mittels TFP können herkömmliche Rovings aus reinen Verstärkungsfasern und Rovings mit Hybridgarnen, bei denen Verstärkungs- und thermoplastische Matrixfasern enthalten sind, verarbeitet werden. Somit können die Preforms für die Verwendung mit Duroplast- und Thermo-plastmatrix hergestellt werden. Durch die Möglichkeit, die Faserorientierung beim Ablegen lokal variieren zu können, können so auch unterschiedliche Formschlusskonzepte mittels Schlaufen hergestellt werden.

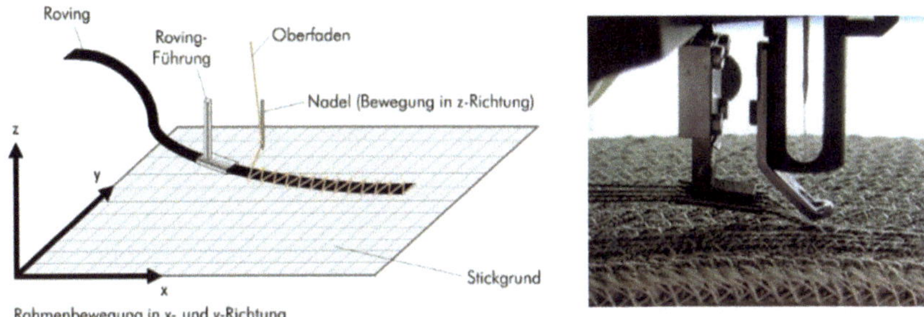

Abbildung 5: Schematische Darstellung des Funktionsprinzips der TFP-Technologie (links) und Foto des Prozesses (rechts)

Konsolidierung CFK

Die hergestellten textilen Preforms werden im nächsten Prozessschritt konsolidiert. Im Projekt werden zwei unterschiedliche Matrixsysteme verwendet, die auf unterschiedliche Weise mit dem Textil konsolidiert werden: duroplastische und thermoplastische Matrix. Für diese Matrixsysteme gibt es jeweils wieder unterschiedliche Möglichkeiten um sie mit dem Textil zu konsolidieren. Ein gängiges Verfahren für duroplastische Matrix, welches auch in diesem Projekt angewendet wurde, ist das RTM-Verfahren, auch Harzinjektionsverfahren. Dabei wird der Preform in ein verschließbares Werkzeug eingelegt, in welches dann unter Druck und oft unter Einbringung von Wärme das Harz injiziert wird, siehe Abbildung 6.

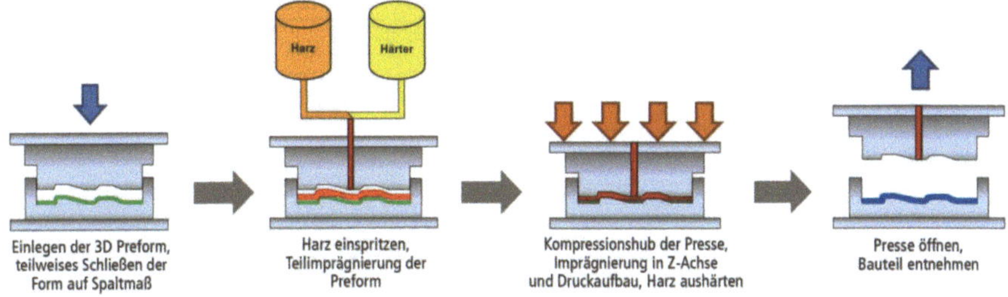

Abbildung 6: Schematische Darstellung des RTM-Prozesses

Die Konsolidierung der textilen Preforms aus Hybridgarn wird mittels Heißpressen umgesetzt, bei dem die Matrixfasern des Preforms unter Druck und Temperatur aufgeschmolzen werden und die Verstärkungsfasern so konsolidiert werden. Der Prozessablauf ist dabei ähnlich wie in Abbildung 6 dargestellt, nur dass kein zusätzliches Harz in das Werkzeug eingebracht wird und das Werkzeug zwingend über die Schmelztemperatur der Matrix erwärmt werden muss. Anschließend wird das Werkzeug unter die Glasübergangstemperatur der Matrix abgekühlt, damit das CFK beim Entformen formstabil bleibt.

Aluminiumdruckguss

Die konsolidierten Einleger werden im nachfolgenden Schritt in das temperierte Druckgießwerkzeug in der Druckgießanlage eingelegt und mit Aluminium umgossen. Dafür wird extern gelagerte Schmelze zu Beginn des Druckgießprozesses in die Gießkammer befördert wie in Abbildung 7 A gezeigt wird. Die beiden Formhälften der Druckgießform befinden sich in geschlossenem Zustand. Die Schmelze wird daraufhin mit dem Gießkolben in Richtung Werkzeug gedrückt, bis diese am Anschnitt (Abbildung 7 A, roter Pfeil) anliegt. Mit Kolbengeschwindigkeiten bis 6 m/s und einer Schmelzegeschwindigkeit von 10 m/s bis 100 m/s erfolgt die Formfüllung (Abbildung 7 B). Die hohe Geschwindigkeit ist erforderlich, um lange Fließwege der Schmelze zu ermöglichen. Direkt im Anschluss wird ein Nachdruck von bis zu 100 MPa (1000 bar) aufgebracht, um Gasporosität und die Nachschwindung zu reduzieren. Nachdem das Bauteil abgekühlt ist, wird dieses aus dem Werkzeug ausgeworfen. [Bal13, VDG05]

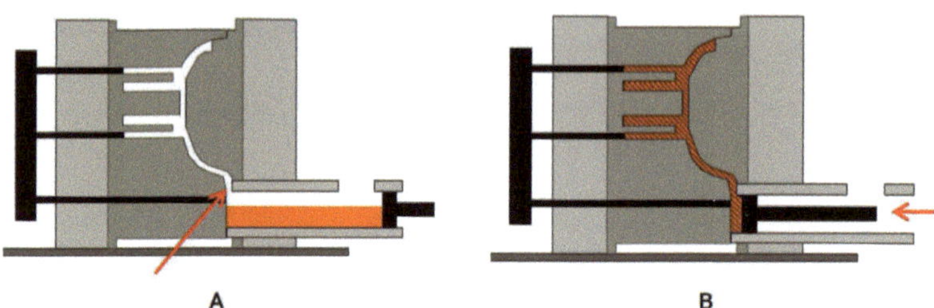

Abbildung 7:   Kaltkammerdruckgussprozess; A: der Gießkolben wird extern mit Schmelze (orange) befüllt, bis diese am Anschnitt (roter Pfeil) anliegt; B: Formfüllprozess (verändert nach VDG05)

Aufgrund der hohen Prozessgeschwindigkeiten und -drücke ist bei Einlegern hoher Wert auf enge Toleranzen in der Maßhaltigkeit zu legen um qualitativ hochwertige Hybrid- bzw. Verbundbauteile umsetzen zu können. Der Prozessablauf ändert sich durch einen zusätzlichen Einleger nicht wesentlich, kann jedoch die Wahl der Prozessparameter beeinflussen, was im vorliegenden Projektinhalt ebenfalls der Fall ist.

2.3 Wirtschaftliche Relevanz für KMU

Bisher werden Material-hybride Bauteile und Baugruppen mit Faserverbundwerkstoffen und Metallen in verschiedenen Branchen und Bereichen eingesetzt, beispielsweise als Strukturbauteile in der Karosserie im Automobilbau und als Rumpfsegmente in der Luft- und Raumfahrttechnik. Vorteil beim Einsatz dieser hybriden Strukturen ist die Möglichkeit die lokalen Eigenschaften eines Bauteils oder einer Struktur an die gegebenen Anforderungen anzupassen dafür die jeweiligen Materialeigenschaften bestmöglich nutzen zu können. Bisher ist der Aufwand vergleichsweise hoch, diese beiden Materialklassen miteinander zu fügen, da beide Materialien für sich eigene Anforderungen an eine Verbindung stellen bzw. die Kombination Probleme mit sich bringen kann. Ein gängiges Verfahren ist das Fügen mit Bolzenverbindungen, die für isotropes Aluminium problemlos geeignet sind, beim CFK jedoch mit einer Trennung der Fasern durch die Bohrungen wesentliche Vorschädigungen eingebracht werden. Darüber hinaus kann bei der Verbindung von CFK mit Aluminium Kontaktkorrosion auftreten, wenn ein korrosives Medium wie Salzwasser vorhanden ist. Um diesem entgegenzuwirken müssen bisher zum Teil aufwendige Maßnahmen getroffen werden um die beiden Fügepartner elektrochemisch zu entkoppeln. Durch Einsatz des im Rahmen des Projekts weiterentwickelten Verfahrens werden bestehende Nachteile von werkstoffhybriden CFK-Aluminium-Strukturen erheblich reduziert. Dadurch können bisherige Anwendungen optimiert und neue Anwendungsfelder erschlossen werden. Das Verfahren teilt sich in zwei wesentliche Arbeitsschritte, wobei die textilen Arbeiten von Unternehmen in der

Textilindustrie und die Arbeitsschritte die die Verarbeitung des Aluminiums umfassen von Unternehmen aus der Druckgussindustrie übernommen werden können. Beide Industriezweige sind mit anteilig 96 % bei den Textilfirmen und über 90 % bei den NE-Gießereien stark KMU dominiert, welche jeweils ihr Produktportfolio erweitern können, ohne dass im Grundsatz neue Prozessschritte dazukommen.

3. Durchgeführte Arbeiten und Ergebnisse

Im folgenden Kapitel wird die Bearbeitung der sechs Hauptarbeitspakete beschrieben und die jeweiligen Ergebnisse werden erläutert.

3.1 Materialdefinition (HAP 1)

Im Rahmen des AP 1 erfolgt die Ausarbeitung der Anforderungen und Randbedingungen für die industriellen Anwendungsfälle der CFK-Aluminium-Verbundstruktur. Die Auswahl und Charakterisierung geeigneter Werkstoffe für die Isolierschicht sowie des verwendeten duroplastischen und thermoplastischen Matrixmaterials sind dabei die Ziele des Hauptarbeitspaketes.

Materialcharakterisierung Isolierschicht und Matrix (AP 1.1)

Ziel dieses Arbeitspaket ist es, geeignete Materialien der Isolierschicht für die thermische Belastung des CFK beim Aluminiumdruckguss zu identifizieren sowie eine Vorauswahl für textile Halbzeuge und Matrixsysteme zu treffen. Diese werden in den darauffolgenden Arbeitspaketen weiter analysiert.

Ausgehend von den zwei unterschiedlichen Isolierschicht-Konzepten erfolgte eine Vorauswahl der Werkstoffe für die finale Isolierschicht zwischen CFK und Aluminium sowie geeigneter textiler Halbzeuge. Für das Isolierschichtkonzept 1 wurden verschiedene keramische Systeme betrachtet. Hierbei wurden unterschiedliche Lacksysteme mit keramischer, Zink- und Silikonharz-Basis sowie ein Brandschutzlacksystem der Firma *Saertex* untersucht. Im Isolierschichtkonzept 2 erfolgte eine Charakterisierung unterschiedlicher Konzeptvarianten mit PEI und PEEK als Isolatormaterial, welches teilweise mit Glasfasern verstärkt ist. Diese verbessern die mechanischen Eigenschaften und bieten eine zusätzliche elektrochemische Entkopplung von CFK und Aluminium. Mittels thermogravimetrischer Analyse (TGA) wurde das thermische Verhalten der Materialien über ein Temperaturspektrum ermittelt. Zudem werden die genauen Anforderungen an die Isolierschicht definiert. Dabei war der PbA eng eingebunden.

Bei der Verwendung des Gussaluminiums wird auf die Legierung AlSi10MnMg zurückgegriffen. Diese ist industriell weit verbreitet und weist gute Allroundeigenschaften auf. Rückmeldungen aus dem PbA favorisieren ebenfalls die Verwendung dieser Legierung für die geplanten Untersuchungen.

Isolierschichtkonzept 1

Aufgrund des thermischen Belastungsprofils, dem die CFK-Einleger während des Gießprozesses ausgesetzt sind, werden hohe Anforderungen an das Matrixmaterial sowie die Isolierschicht gestellt. Ausgehend von diesen Anforderungen und der im Rahmen dieses Projektes gewünschten Anspruches der mittelständischen Umsetzbarkeit, werden unterschiedliche Lacke als Isolierschicht ausgewählt.

Die vier ausgewählten Lacksysteme bestehen aus zwei unterschiedlichen keramikbasierenden Lacken, einem 95 %igen Zinklack und einem hochtemperaturbeständigen Lack auf Silikonharz-Basis. Die Lacksysteme wurden vor den Gießversuchen entsprechend ihrer vom Hersteller angegebenen Temperaturbeständigkeit ausgewählt und durch Adhäsionsversuche weiter quantifiziert. Anschließend wurden mit Zug-Scher-Form Gießversuche durchgeführt und Zug-Scher-Versuche an den Proben durchgeführt. Die verwendeten Gießparameter werden auf Basis der vorab gewonnenen Simulationsergebnisse gewählt. Die so gewonnenen Zugspannungswerte und Bruchbilder werden ausgewertet und anschließend darauf basierend die Eignung der

Lacksysteme für weitere Versuche bewertet. Die Ergebnisse der Zugversuche sind der Abbildung 9 und Abbildung 10 zu entnehmen. Die Systeme des Isolierschichtkonzeptes 1 sind dabei blau dargestellt.

Innerhalb dieser ersten Vorversuche wird deutlich, dass für einen ausreichenden Schutz der C-Fasern vor der Aluminiumschmelze höhere Schichtstärken (Lackschichtdicken im aktuellen Projektstand 11-19 µm) notwendig sind. Weitere Versuche mit höheren Schichtstärken wurden aufgrund der technischen nicht Umsetzbarkeit verworfen. Eine stoffliche Anbindung konnte innerhalb dieser Vorversuche nicht erzeugt werden. Bei allen getesteten Lacksystemen hat sich mindestens eine Probe bereits durch die erzeugten Strömungen während des Abschreckvorgangs abgelöst.

Innerhalb der Versuche an den Materialien für das Isolierschichtkonzept konnten leider nur geringe Erfolge erzielt werden. Weswegen dieses Isolierschichtkonzept verworfen wurde. Das *LeoCoat*-Brandschutzsystem (*Saertex*) neigt unteranderem zu einem für die Anwendung ungeeignetem Aufquellen im Kontaktbereich (vgl. Abbildung 8).

Abbildung 8:   Probe mit einer *LeoCoat*-Beschichtung nach dem Gießprozess

Isolierschichtkonzept 2

Als weitere Materialien für die Isolierschicht werden neben den hier beschriebenen Lacksystemen zusätzlich Foliensysteme sowie eine Kombination aus PEI und Glasfaser als äußerste Verbundwerkstoffschicht als Isolierschicht getestet. Alle diese Isolierschichtsysteme sowie unterschiedlichen Matrix- und Faserkombinationen wurden im Rahmen von Gießversuchen auf thermische Beständigkeit untersucht und anschließend (bei entsprechenden Erfolgen in den Gießversuchen) durch Zugversuche oder Zug-Scher-Versuche an den hergestellten Proben quantifiziert.

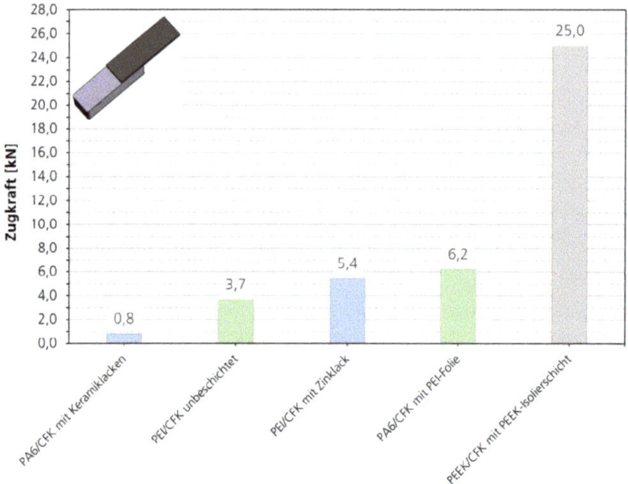

Abbildung 9: Ergebnisse der Zug-Scher-Versuche an unterschiedlichen Isolierschichtkonzepten sowie Ergebnisse der Zug-Scher-Versuche aus dem Vorgängerprojekt (grau dargestellt). Das Isolierschichtkonzept 1 wird blau und das Isolierschichtkonzept 2 grün dargestellt.

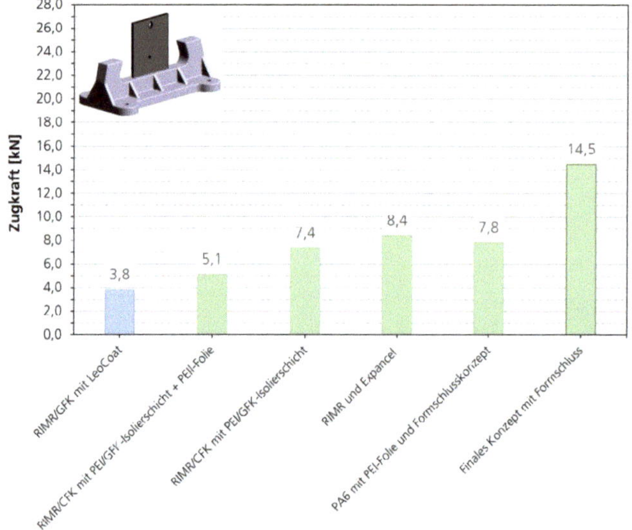

Abbildung 10: Ergebnisse der Zug- Versuche an unterschiedlichen Isolierschichtkonzepten. Das Isolier-schichtkonzept 1 wird blau und das Isolierschichtkonzept 2 grün dargestellt.

Matrixmaterialien

Thermogravimetrische Analysen (TGA) wurden an unterschiedlichen Matrixsystemen durchgeführt, um den Masseverlust über einen Zeit- und Temperaturanstieg zu bestimmen (siehe Abbildung 11 und Abbildung 12). Ziel ist, dabei festzustellen, wie sich die Aufheizrate auf den Beginn der jeweiligen Materialzersetzung auswirkt. Die labortechnischen Möglichkeiten können dabei jedoch nicht die realen Bedingungen abbilden, sondern eignen sich nur um mögliche Tendenzen aufzuzeigen.

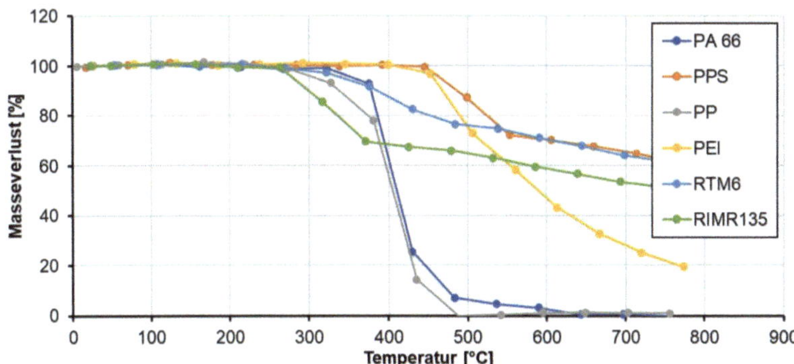

Abbildung 11: Ergebnisse der thermogravimetrischen Analyse der betrachteten Polymere bei einer Aufheizrate von 10 K/min

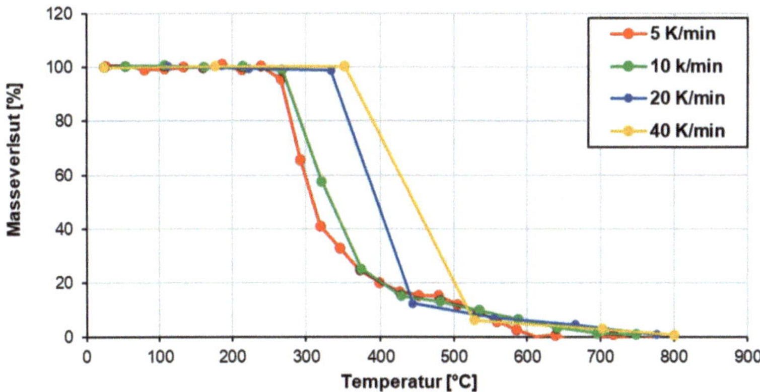

Abbildung 12: Ergebnisse der thermogravimetrischen Analysen des betrachteten duroplastischen Epoxidharzes *RIMR135* bei unterschiedlichen Aufheizraten

Die Ergebnisse der TGA zeigen zum einen, dass der Eintritt des Masseverlusts abhängig von der Aufheizrate ist. Je höher die Aufheizrate, desto später beginnt bei allen Materialien der Masseverlust. Zum anderen zeigen die Ergebnisse, dass die Thermoplasten PPS (470 °C) und PEI (490 °C) die höchsten Temperaturen erreichen bis der Masseverlust eintritt. PA 66 erreicht 380 °C und kann damit auch als geeignet angesehen werden. Lediglich PP (grauer Liniengraph Abbildung 11) mit 320 °C wird als ungeeignet eingestuft.

Als Basis für die Textilien kommen sowohl Glas- als auch Kohlefasern aufgrund ihrer Temperaturbeständigkeit infrage. Glasfasern wurden im Rahmen dieses Projektes lediglich nur als Isolierschichtkonzept verwendet. Diese können als flächiges Halbzeug in Form von Geweben oder Gelegen zugeschnitten oder mittels TFP-Verfahren (endkonturnah) endlos abgelegt werden.

Aufbau von Materialmodellen für Simulation (AP 1.2)

Im Rahmen des Projektes werden zwei unterschiedliche Druckgießwerkzeuge für Untersuchungen sowie für die Prozesssimulationen verwendet. Vorversuche und erste Betrachtungen der Isolierschichtkonzepte werden mit einem Werkzeug zur Herstellung von Zug-Scher-Proben durchgeführt. Alle weiteren Versuche werden mit dem Bracket-Werkzeug aus den Vorgängerprojekt durchgeführt.

Die im Rahmen dieses Projektes durchgeführten Simulationen beschränken sich somit auf diese beiden Werkzeuge. Beide werden am Fraunhofer IFAM regelmäßig für numerische und experimentelle Untersuchungen genutzt, weshalb bereits ein ausreichend geprüftes Gittermodell für diese besteht. Entsprechend werden an diesem Gittermodell keine weiteren Veränderungen vorgenommen. Beide Formvarianten sind der Abbildung 13 zu entnehmen.

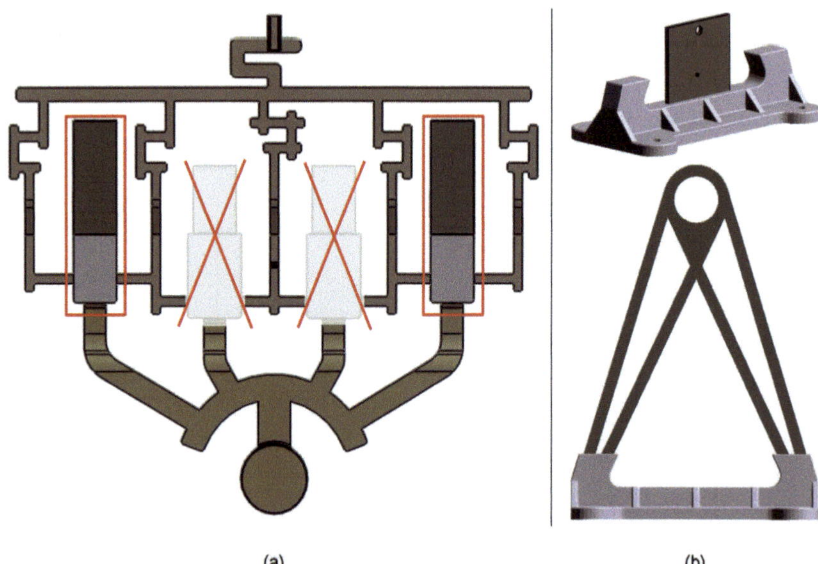

(a)   (b)

Abbildung 13:　Die beiden im Rahmen dieses Projektes verwendeten Simulationsmodelle der Werkzeuge. Bei a) handelt es sich um das Zug-Scher-Form und b) zeigt die Bracket-Form mit dem rechteckigen Einleger oben und dem Bracket unten.

Um den Einleger realitätsnah in die bestehende numerische Simulation einzufügen, wird das Material mit Wertempfehlungen durch das Faserinstitut und bekannten Materialkennwerten versehen. Basierend auf diesen Veränderungen an der Simulation werden unterschiedliche Durchläufe mit variierenden Gießparametern gestartet, um so die beste Anpassung für diesen Anwendungsfall zu erschließen.

Die Ergebnisse der Simulation wurden parallel in die ersten Gießversuche einbezogen und die Parameter dort entsprechend angepasst. Nach den Simulationen hat es sich als vorteilhaft gezeigt, eine möglichst niedrige Werkzeugtemperatur einzustellen sowie eine möglichst geringe Zuhaltezeit (vgl. Abbildung 15) zu realisieren um den Temperatureintrag auf den CFK-Einleger so gering wie möglich zu halten. Für die Übertragung von der Simulation in die Umsetzung mussten diese Werte jedoch hinsichtlich praktischer Umsetzbarkeit bewertet werden, so dass eine Werkzeugtemperatur von ca. 100 °C und eine Zuhaltezeit von 10 s als Kompromiss zwischen Simulationsergebnissen und technischer Umsetzbarkeit gewählt wurde.

Die Temperaturen des Einlegers, die die Simulationsergebnisse zeigen, wurden mit weiteren Gießversuchen mit temperatursensitiven Lacken (TIL) durchgeführt, um so die vorliegenden Temperaturen auf der CFK-Einleger-Oberfläche abgleichen zu können. Der Einsatz von temperatursensitiven Lacken erlaubt in dynamischen Prozessen oder an Bauteilen mit eingeschränkter Zugänglichkeit den Nachweis von erreichten Temperaturen. Der Hersteller *Tempil* bietet unter dem Handelsnamen *Tempilaq* eine Auswahl an Lacken an, die ein temperatursensitives Verhalten aufweisen. Der Nachweis über die erreichte Temperatur findet über einen irreversiblen Schmelzvorgang des Lackes statt, der sich im Umschlag von einer matten, opaken Oberfläche zu einer glänzenden Oberfläche darstellt. Dieser Umschlag weist lediglich das Überschreiten der Schmelztemperatur nach und erlaubt keinerlei Rückschlüsse auf Dauer oder Höhe der vorgelegenen maximalen Temperaturüberschreitung. Die Eingrenzung, in welchem Temperaturbereich die Maximaltemperatur vorgelegen hat, kann ausschließlich über die Verwendung mehrerer Lacke mit verschiedenen Temperaturumschlagspunkten erfolgen.

Im Rahmen dieses Projektes wurden Lacke mit Temperaturumschlagpunkten bei 260, 343, 454 und 510 °C verwendet. Mithilfe dieser Lacksysteme konnte ein teilweiser Nachweis der Validität des erstellten Materialmodells nachgewiesen werden. Allerdings erfolgte in Randbereichen des Einlegers mit dem temperatursensitiven Lack mit einem Temperaturumschlagpunkt bei 510 °C ebenfalls ein Temperaturumschlag. Die Gründe dazu sind noch in der Untersuchung. Mögliche Ursachen liegen in Unschärfen im Materialmodell des CFK, in der Abbildung der aufgebrachten Isolierschichten oder einem fehlerhaften Umschlag des Lackes, durch die in den Randbereichen räumlich nähere Aluminiumschmelze dar.

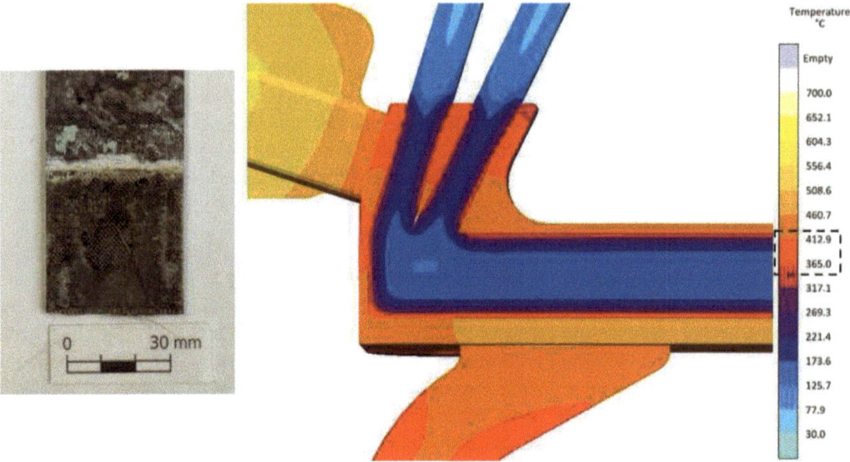

Abbildung 14:   Ergebnisse der Versuche mit den temperatursensitiven Lacken (links) im Vergleich mit einer numerischen Untersuchung mittels des Materialmodell des CFK

Das Materialmodell eines Verbundwerkstoffes, bestehend aus einer Epoxidmatrix und Glasfasern, wurde ebenfalls erstellt. Dieses und das CFK-Materialmodell wurde durch den in der folgenden Abbildung dargestellten Versuchsaufbau validiert. Die Temperatur des GFK steigt nach Kontakt mit der flüssigen Schmelze schnell an und erreicht dann ein Maximum (hier 245,0 °C). Grund dafür ist vermutlich eintretende Isolationswirkung der Glasfasern. CFK reagiert langsamer auf die Temperatureinwirkung durch die Metallschmelze, danach steigt die Temperatur immer weiter, bis zur Angleichung an die Aluminiumtemperatur, an. Diese Ergebnisse entsprechen den Beobachtungen aus den numerischen Untersuchungen.

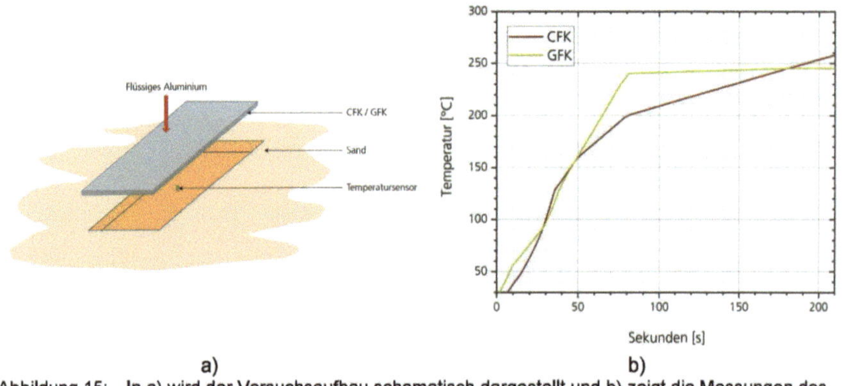

a)   b)

Abbildung 15:   In a) wird der Versuchsaufbau schematisch dargestellt und b) zeigt die Messungen des Temperatursensor auf der Rückseite der 2 mm dicken Einleger aus CFK und GFK

3.2 Gestaltung des Fügebereichs (HAP 2)

Auf Grundlage der in AP 1 erstellten Materialauswahl und dem vorgegebenen Bauraum erfolgt die strukturmechanische Auslegung der materialhybriden Verbindungszone. Hierzu wird auf die in dem vorangegangenen von der DFG geförderten Grundlagenprojekt „Hybridguss" generierten Kennwerte zurückgegriffen.

Auslegung der Verbindungszone (AP 2.1)

Die Verbindungszone zwischen CFK und Aluminium ist der kritische Bereich der Hybridguss-Bauteile, da hier das CFK die höchste mechanische und die thermische Belastung beim Fügen erfährt. Die Verbindungszone ist somit komplex in ihrer Auslegung, da verschiedene Randbedingungen berücksichtigt werden müsse. Es wurde zunächst ein Lastfall definiert, der die Grundlage für die Auslegung der Prüfkörper darstellt. Dieser wird vom DFG geförderten Projekt „Hybridguss" übernommen, bei dem das Hybridbracket auf Zug belastet wird. Die Außengeometrie der Prüfkörper wird begrenzt durch das vorhandene Werkzeug und beträgt 60 x 40 mm. Zur Umsetzung der Prüfkörper erfolgte der Umbau des bestehenden Gießwerkzeuges aus „Hybridguss". Das Konzept mit den entsprechenden vorgenommenen Änderungen ist der Abbildung 16 zu entnehmen.

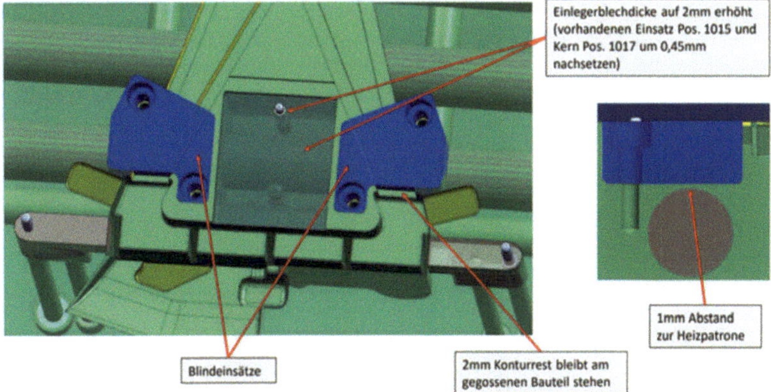

Abbildung 16:   Konzept zum geplanten und umgesetztem Werkzeugumbau

Die Dicke der Prüfkörper ist im Bereich über dem Aluminium limitiert auf 2 mm, im eingegossenen Bereich ist diese veränderbar auf bis zu 10 mm, wobei das CFK dann den gesamten Raum in der Kavität einnehmen würde. In Abbildung 17 a) dargestellt ist ein Musterprüfkörper bestehend aus FKV und Aluminium, in b) der zugehörige Lastfall für die Auslegung.

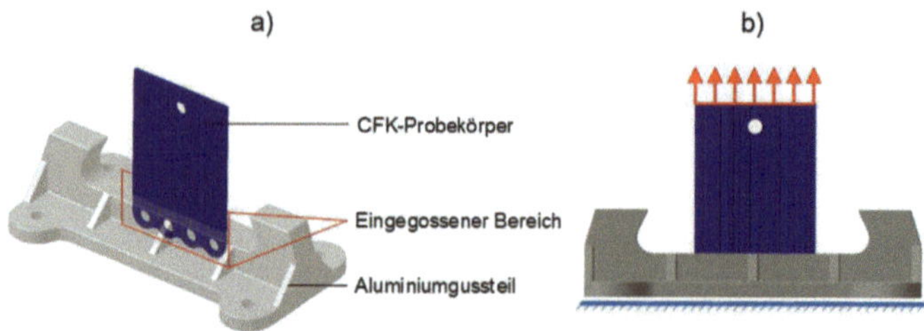

Abbildung 17: Prüfkörper im vorhandenen Gusswerkzeug: a) Aufbau der Prüfkörper, b) Randbedingungen für Auszugversuche

In einer Vorauslegung wurden zwei verschiedene Prüfkörpergeometrien entworfen, die für die Gießsimulationen verwendet werden. Dabei handelt es sich um einen ebenen Prüfkörper ohne Modifikationen und einen Einleger mit Schlaufen für einen Formschluss, welcher mittels TFP lastpfadoptimiert herstellbar ist. Bei den Simulationen, die auf AP 1.2 basieren, wird der Temperaturanstieg der CFK-Einleger bis zum Auswerfen aus dem Druckgusswerkzeug nach 10 s ermittelt. Aus den so erlangten Erkenntnissen werden Gestaltungshinweise gewonnen, die für das Design der finalen Prüfkörper von Bedeutung sind.

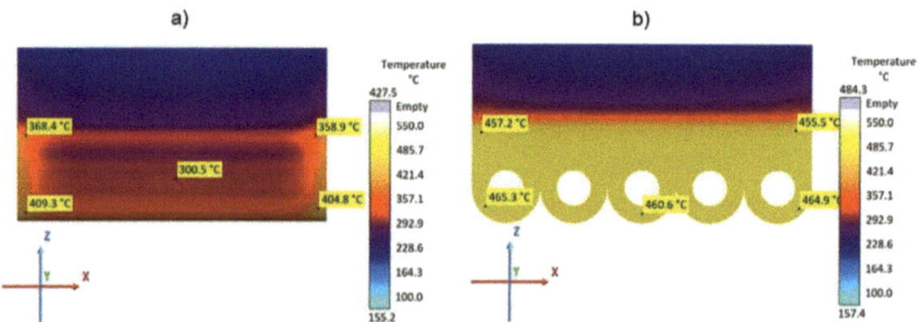

Abbildung 18: Temperatur an der Einlegeroberfläche 10 s nach der Formfüllung (Gussteil wird ausgeworfen)

Bei den Ergebnissen der Simulation (Abbildung 18), ist ein deutlicher Unterschied in der Oberflächentermperatur der Einleger zu erkennen. Während die Temperatur bei Einleger a) ohne geometrische Modifikation zentral 300 °C und am Rand bis zu 409 °C erreicht, erwärmt sich der Einleger b) auf bis zu 465 °C. Die Ursache dafür sind die durch die Schlaufen erhöhte Oberfläche, an der die Wärmeübertragung vom Aluminium in das CFK stattfinden kann. Daraus lässt sich ableiten, dass sich Formschlusskonzepte durch eine Erhöhung der Oberfläche auf die thermische Belastung siginifikant auswirken. Die Erhöhung der Oberfläche sollte für eine Minimierung der Belastung klein Gehalten werden. Wie sich die Erhöhung der Oberfläche bzw. die Formschlusskonzepte unter realen Bedingungen auswirken wird in AP 2.2 weiter untersucht.

Für die Vorauslegung des Werkstoffübergangs bzw. der Verbindungsfestigkeit wurden Prüfkörper für einen Zug-Scher Lastfall hergestellt und geprüft (siehe Kapitel 0). Die Ergebnisse der Zugversuche zeigten, dass auf Lacksystemen basierende Isolierkonzepte nur einen geringfügigen thermischen Schutz bieten und dementsprechend nur geringe Zugscherfestigkeiten erzielt werden können. Proben mit einer PEI-Matrix erzielten mit Lackschutzsystem sogar geringere Zugscherfestigkeiten als unbeschichtete Proben. Bei den weiteren Versuchen mit PEI-Matrix konnten im

Vergleich zu jenen mit PA6-Matrix unabhängig vom Isolierschichtsystem, höhere Zugscherfestigkeiten erzielt werden. Die höchsten Zugscherfestigkeiten erzielten Proben mit einer zusätzlichen PEI-Folie als Isolierschutzsystem. Die erreichten Zugscherfestigkeiten der gefertigten Proben liegen dennoch deutlich unterhalb der Proben aus dem Vorgängerprojekt und gängiger Klebungen zwischen Aluminium und CFK-Bauteilen, was die Notwendigkeit eines Formschlusses bekräftigt.

Gestaltung des CFK-Al Übergangsbereich (AP 2.2)

Die detaillierte Gestaltung des CFK-Al-Übergangsbereiches wurde zunächst hinsichtlich unterschiedlicher Formschlusskomponenten analysiert. Für diese Untersuchungen wurden zehn unterschiedliche Prüfkörpergeometrien mithilfe der in AP 2.1 gewonnenen Ergebnisse umgesetzt, bei denen die Oberfläche des Einlegers in Form von Hinterschneidungen/Bohrungen mehr oder weniger erhöht wurde. Sieben davon wurden mit C-Faser Gewebe hergestellt, drei mittels TFP hergestellter Textilien. Das Ziel war hier zum einen den mechanischen Unterschied bzw. den Einfluss der verschiedenen Formschlusskomponenten mittels Zugversuche zu ermitteln, sowie die Leistungssteigerung durch das TFP-Verfahren zu messen. In Tabelle 1 sind die hergestellten Formschlussvarianten dargestellt.

Tabelle 1:   Formschlusskonzepte der Prüfkörper

	Hergestellt mit Atlasgewebe				
Darstellung					
Formschlussvariante	A	B	C	D	E
Modifikation	Referenz (ohne)	Bohrung 4mm	Bohrungen 4mm (x5)	Langloch 20 x 4mm	Flanken 5mm (x2)
max. Außenmaße [mm]	60 x 40 x 2				60 x 50 x 2
Matrix	Duroplast: RIMR 135 Thermoplast: PA 6				

	Hergestellt mit Atlasgewebe		Hergestellt mittels TFP		
Darstellung					
Formschlussvariante	F	G	H	I	J
Modifikation	Flanken und Bohrung (wie B & E)	Flanken und Langloch (wie D & E)	Bohrungen 2.4mm (x5)	Langloch (D) Aufdickung auf 4mm	Bohrung (B) Aufdickung auf 4mm
max. Außenmaße [mm]	60 x 50 x 2		60 x 40 x 2	60 x 40 x 4	
Matrix	Duroplast: RIMR 135 Thermoplast: PA 6		Duroplast: RIMR 135		

Zur Ermittlung des quasi-statischen Verhaltens der Couponeinleger wurden Zugversuche mit einer *ZwickRoell 250* Universalprüfmaschine umgesetzt. Eine Zusammenfassung der Ergebnisse hinsichtlich der gemessenen maximalen Zugkräfte ist in Abbildung 19 dargestellt. Es zeigen sich Steigerungen der maximalen Zugkraft durch die Formschlusskonzepte gegenüber Versuchen mit den Einlegern A ohne Modifikation von bis zu 140 %. Die erwartbaren Vorteile durch die gezielte Faserablage mittels TFP konnten in den Ergebnissen nicht abgebildet werden, da bei den Versuchen das Aluminium, durch einen geringeren Querschnitt im Vergleich zu den gebohrten Einlegern, versagte und nicht die Fasern. Diese Erkenntnis lässt dafür den Schluss zu, dass die Versagensart durch die Veränderung der jeweiligen Querschnitte ausgelegt werden kann.

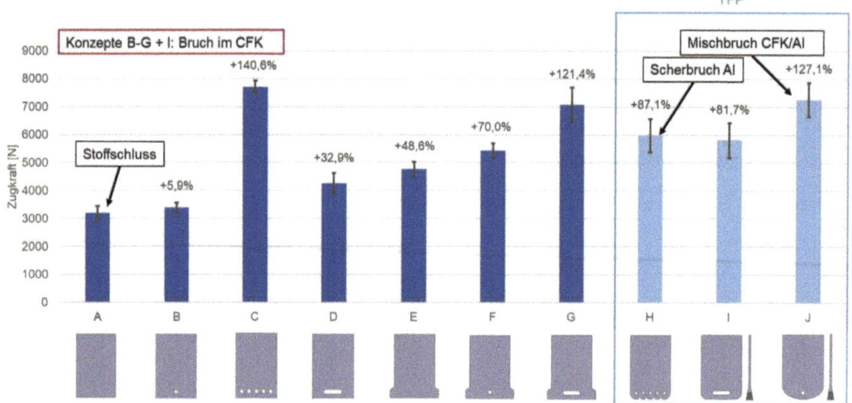

Abbildung 19:   Mechanische Charakterisierung der verschiedenen Formschlusskonzepte

Neben den gesteigerten Festigkeiten zeigte sich bei manchen Formschlusskonzepten auch eine günstige Beeinflussung des Versagensverhaltens. Die in Abbildung 20 dargestellten Ergebnisse von Proben der Variante „B" (vgl. Abbildung 19) zeigen, nach einem Teilversagen, eine Restfestigkeit von ca. 75 % bis zum vollständigen Bruch. Dieses Verhalten unterscheidet sich deutlich von dem spröden Materialverhalten des CFK und lässt den Schluss zu, dass auch hier sich die Vorteile beider Materialien zeigen.

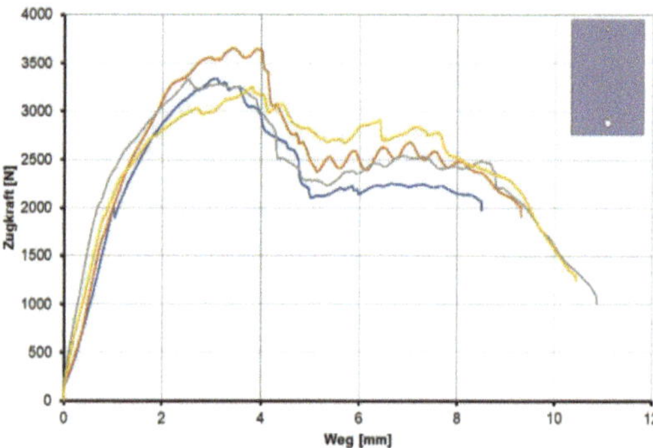

Abbildung 20:   Kraft-Weg Verlauf von Zugprüfungen des Formschlusskonzeptes B mit Epoxidmatrix

Neben der Analyse verschiedener Formschlusskomponenten wurde auch die prozesssichere Gestaltung der Isolierschicht betrachtet. Dazu wurden Schliffbilder der bereits hergestellten Proben mit glasfaserverstärktem PEI als Isolator erstellt und ausgewertet. Bei den Proben zeigte sich in den Schliffen ein Porenanteil von über 10 % (siehe Abbildung 21) in der Isolierschicht. Die Poren können zum einen die mechanischen Eigenschaften negativ beeinflussen, indem sie die Anbindungsfläche zwischen Isolierschicht und Aluminium verkleinert. Andererseits können dort korrosive Medien wie Salzwasser eindringen und eine mögliche Korrosion beschleunigen, weshalb ein Konzept entwickelt wurde, welches den Poren entgegenwirken kann.

Da die Poren vor allem auf thermische Schwindung der beiden Fügepartner (verursacht durch unterschiedliche Wärmeausdehnungskoeffizienten) voneinander zurückzuführen sind, zielt das Konzept darauf ab, die Schwindung durch eine Expansion zu kompensieren. Das Ziel war es eine funktionale Zwischenschicht zu schaffen, welche matrixkompatibel ist, sich nicht nachteilig auf den RTM-Prozess auswirkt, die mechanischen Eigenschaften nicht maßgeblich beeinträchtig (auch den Faservolumengehalt) und vor allem die Poren durch einen Druck im Laminat schließt.

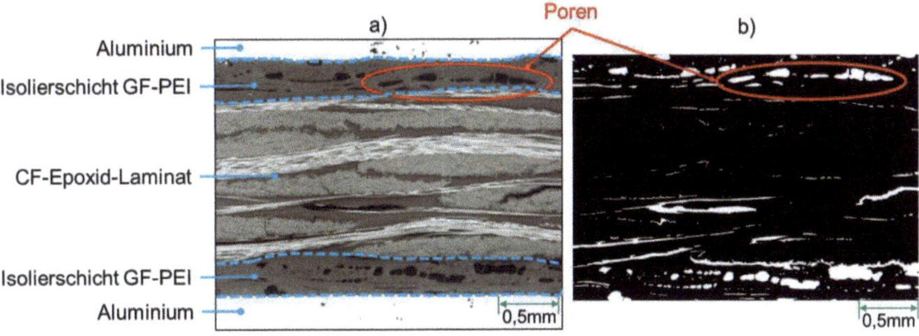

Abbildung 21: Darstellung der Poren in einer Probe mit GF-verstärktem PEI als Isolierschicht in a) einem graustufen-Schliffbild und b) dem daraus berechneten, binarisiertem Bild (zur Berechnung des Porenanteils)

Die entwickelte Zwischenschicht besteht aus Treibmittel, welches zwischen zwei Thermoplastfolien aus PVB verpresst wird. In einem abgeschlossenen Projekt des Faserinstituts konnte zuvor die Matrixkompatibilität zwischen PVB und Epoxidmatrix nachgewiesen werden weswegen es sich für die hier untersuchten Proben eignet. [Büt21] Die zusätzliche Matrix in Form der Folien ist notwendig um zum einen das Treibmittel, welches als feines Pulver vorliegt, besser verarbeiten zu können und zum anderen eine unter erhöhter Temperatur verformbare Umgebung im ausgehärteten Laminat für das Treibmittel zu schaffen, damit die Epoxidmatrix nicht beschädigt wird. Das Treibmittel (*Expancel 980 DU 100* von *Nouryon*) besteht aus thermoplastischen Sphären, in denen ein Gas eingeschlossen ist. Wird das Treibmittel über die Glasübergangstemperatur (mind. 169 °C) der thermoplastischen Hülle erhitzt, expandieren die Sphären auf das bis zu 60-fache ihres ursprünglichen Volumens. [Nou25] Die umschließende PVB-Matrix besitzt eine Verarbeitungstemperatur (130 - 170 °C) unterhalb der Aktivierungstemperatur des Treibmittels, weshalb diese miteinander verpresst werden können, ohne dass das Treibmittel aktiviert wird. Das Einbringen der „quellenden" Zwischenschicht, nach dem Zuschnitt zu Sub-Preforms, erfolgte durch das händische Einlegen in den Lagenaufbau zwischen die textilen Subpreforms. Der so entstehende Lagenaufbau ist in Abbildung 22 dargestellt.

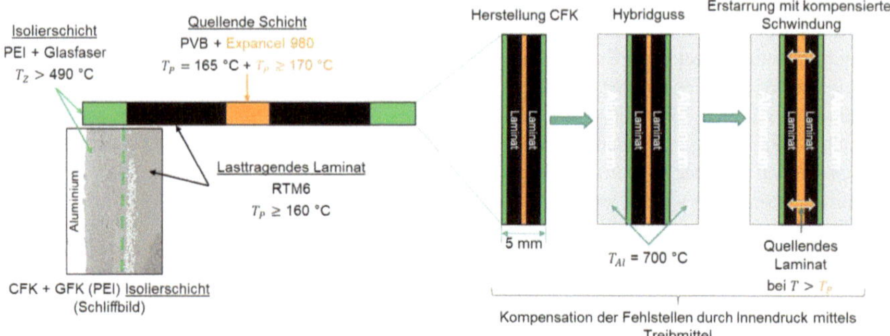

Abbildung 22: Lagenaufbau der Proben mit Isolierschicht und funktionaler Zwischenschicht aus PVB und Treibmittel; T_Z = Zersetzungstemperatur, T_P = Prozesstemperatur (verarbeiten/härten), T_{Al} = Temperatur Aluminiumschmelze

Bei anschließenden Vorauswertungen zu der Verbesserung der Porosität der Isolierschicht kann eine deutliche Reduzierung der Poren festgestellt werden (vgl. Abbildung 23 und Abbildung 21). Die mechanische Charakterisierung und genauere Auswertung des finalen Konzeptes finden in Kapitel 3.5 statt.

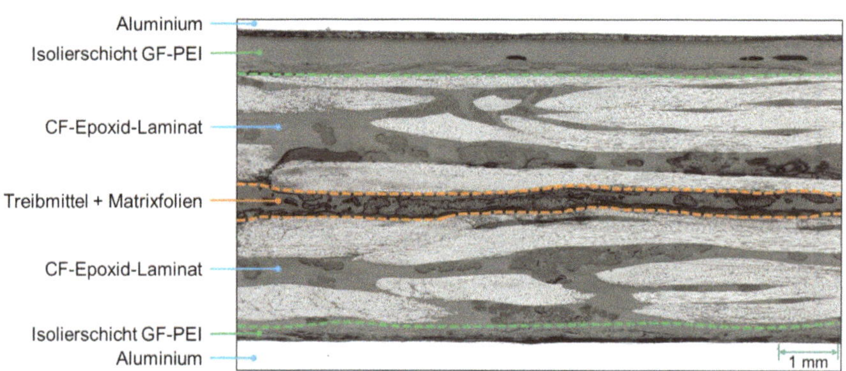

Abbildung 23: Schliffbild einer Probe mit "quellendem" Laminat nach dem Aluminiumdruckguss

3.3 Prozessentwicklung Faserverbund und Textiltechnik (HAP 3)

Innerhalb des HAP 3 wird der Fertigungsprozess des Faserverbundeinlegers hinsichtlich industrieller Anforderungen weiterentwickelt. Ziel ist es, die erforderlichen Toleranzen einzuhalten und reproduzierbare Qualitäten zu gewährleisten.

CFK Konsolidierungswerkzeuge (AP 3.1)

Zur Fertigung der thermoplastischen Faserverbundeinleger für Isolierschichtkonzept 1 wurde vom FIBRE ein bestehendes Konsolidierungswerkzeug für Plattengeometrien verwendet. Für die duroplastischen Faserverbundeinleger des Isolierschichtkonzepts 2 wurde das RTM-Verfahren angewendet, um den qualitativen Anforderungen des Hybridgussprozesses gerecht zu werden. Dieses Verfahren erfordert ein schließendes Werkzeug, welches mit Druck beaufschlagt werden kann. Dafür wurden zwei RTM-Werkzeuge für die Coupons und das Hybrid-Bracket konstruiert und gefertigt.

Für die Herstellung der Prüfkörper wurde das in Abbildung 24 dargestellte Plattenwerkzeug gefertigt. Mit diesem lassen sich Platten mit 300 x 400 mm und durch zwei verschiedene Rahmen in 2 mm oder 4 mm Dicke fertigen. Der Größe und Verwendung von Stahl (Legierung 1.2311) geschuldet beträgt das Gewicht des Werkzeuges 40,4 kg.

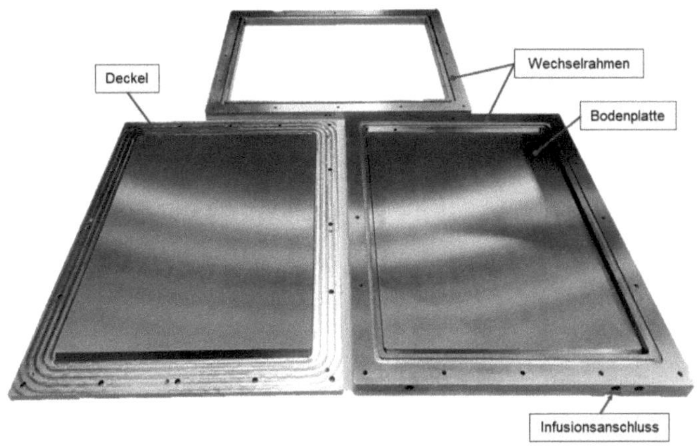

Abbildung 24:   RTM-Werkzeug für eine ebene Platte (300 x 400 mm)

Für die Fertigung der Brackets wurde ein Konzept mit zwei Kavitäten entworfen, siehe Abbildung 25, wodurch die Produktivität bei der Fertigung erhöht wurde. Durch die zwei räumlich getrennten Kavitäten kann aber auch nur ein Bracket pro Durchgang hergestellt werden. Durch die unterschiedlichen Ausdehnungskoeffizienten von FKV und Stahl schrumpft bei einem RTM Prozess mit Härtung unter erhöhter Temperatur der Rahmen beim anschließenden Abkühlen auf das Bauteil, wodurch Deckel- und Bodenplatte ohne größeren Aufwand vom Bauteil getrennt werden können. Das Werkzeug wurde ebenfalls aus der Stahllegierung 1.2311 gefertigt, das Gewicht beträgt knapp 13 kg.

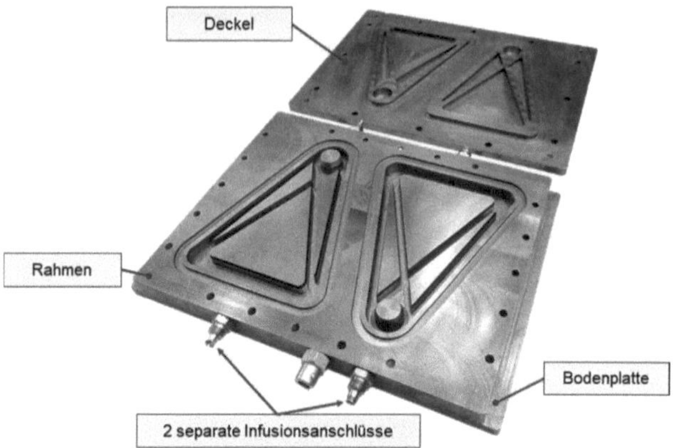

Abbildung 25:   RTM-Werkzeug für das Bracket mit zwei Kavitäten

Entwicklung textile Preforms (AP 3.2)

Da bei den Isolierschichtvarianten unterschiedliche Matrix- und Isolierschichtwerkestoffe angewendet werden, ist es erforderlich, unterschiedliche textile Preforms zu entwickeln. Die Mitglieder
des PbA unterstützen mit ihrer jeweiligen Expertise im Bereich technischer Textilien. Die Arbeiten
in AP 3.2 sind sehr eng mit denen aus AP 3.3 verbunden und entsprechend abgestimmt. Bei
diesem Projekt wurden zwei verschiedene textile Halbzeuge verwendet: Kohlenstofffasergewebe
und Faserrovings. Die textilen Preforms für die Prüfkörper mit Epoxidmatrix ohne weitere Modifikationen bestanden aus Kohlenstofffasergewebe, welches auf die Werkzeuggröße zugeschnitten
und dann eingelegt wurde. Für die mit Thermoplastmatrix wurden gelieferte Platten der Firmen
Bond Laminates (PA6) und *Haufler* (PEI) verwendet, die ebenfalls aus Kohlenstofffasergewebe
bestanden. In beiden Fällen wurden aus den so hergestellten Platten die Prüfkörper anschließend
herausgefräst. Ein Teil der Prüfkörper mit Formschlusskonzept wurde auf die gleiche Weise hergestellt, die Formschlusskonzepte mit lokal angepasstem Faserverlauf erforderten eine andere
Herangehensweise. Für diese war eine Herstellung mittels TFP-Verfahren vorgesehen. Dazu
mussten zunächst die zuvor definierten verschiedenen Geometrien bzw. Formschlusskonzepte
numerisch betrachtet werden. Zu diesem Zweck wurde eine FEM-Spannungsberechnung mittels
Abaqus (*Dassault Systèmes*) durchgeführt und das Ergebnis in die Software *EDOstructure* (*Com-
plex Fiber Structures*) geladen. Diese kann einen numerisch berechneten Spannungszustand in
einen Faserverlauf überführen. Das Berechnungsergebnis muss dann weiter modifiziert und/oder
vereinfacht werden, um eine stickbare Datei erstellen zu können. Das Erstellen der Stickdatei
erfolgt mit der Software *EPCwin* (*ZSK*). Dieser Ablauf ist anhand eines Beispiels für einen Prüfkörper mit einer Bohrung in Abbildung 26 dargestellt. Beim Sticken im TFP-Verfahren werden
Faserrovings abgelegt, welche für Preforms der Prüfkörper mit Epoxidmatrix aus Kohlenstofffasern bestehen. Prüfkörper mit Thermoplastmatrix werden mit Rovings aus Hybridgarn hergestellt,
welche Kohlenstoff- und Thermoplastfasern enthalten.

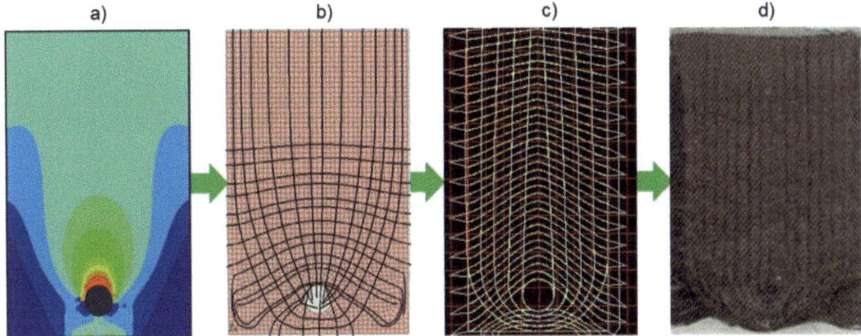

Abbildung 26: Prozessablauf für die Herstellung eines Prüfkörpers mit lokal angepasstem Faserverlauf: a) Ergebnis einer FEM-Spannungsberechnung; b) Berechnung eines mathematisch optimalen Faserverlaufs; c) Überführen des mathematischen in einen vereinfachten Faserverlauf; d) Mittels TFP-Verfahren hergestellter Prüfkörper (bereits zugeschnitten und mit Harz konsolidiert)

Ebenfalls Teil des Arbeitspaketes war die Definition und Charakterisierung eines Serienprozesses für die Herstellung der textilen Preforms. Dieser Schritt erfolgte anhand des Brackets, für das viele (>100 Stk.) Subpreforms hergestellt werden mussten. Der Faserverlauf bzw. die Stickdatei konnte aus dem Vorgängerprojekt Hybridguss übernommen werden, da Geometrie und Lastfall identisch sind. Für einen Serienprozess und den angepassten Lagenaufbau wurden die Stickdateien hinsichtlich einer Serienfertigung optimiert. Dazu wurden zwei Lagen C-Fasern auf einen Subpreform abgelegt, um die Anzahl der Stickgründe pro Textilpreform zu reduzieren und so den Volumengehalt der Verstärkungsfasern zu steigern. Ebenfalls wurde die Stickdatei so angepasst, dass in den vorhandenen Spannrahmen der TFP-Maschine möglichst viele Subpreforms pro Durchgang gestickt werden können. Das Wechseln des Stickgrunds im Spannrahmen ist ein zeitaufwendiger Schritt und sollte in der Serienfertigung möglichst selten erfolgen. In Abbildung 27 sind links die Subpreforms in der Stickdatei dargestellt und rechts die Auslegung bzw. Positionierung der gestickten Subpreforms für einen Serienprozess. Moderne TFP-Maschinen verfügen über mehrere Stickköpfe, wodurch die Produktivität gesteigert und die Kosten für die Halbzeuge/Preforms gesenkt werden können.

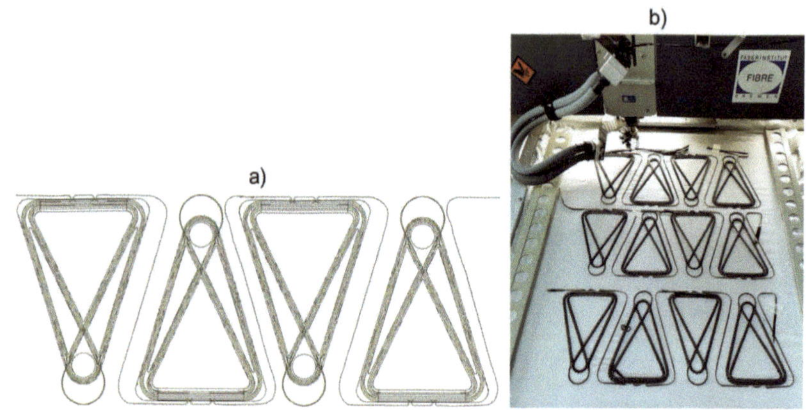

Abbildung 27:   Darstellung eines TFP-Prozesses für die Serienfertigung mit a) der Stickdatei und b) den daraus gestickten Subpreforms mit zwei Lagen

Entwicklung Isolierschichtapplikation (AP 3.3)

Die Varianten des Isolierschichtkonzeptes 2 wurden in diesem Arbeitspaket hinsichtlich ihrer jeweiligen Applizierbarkeit untersucht. Für diese Varianten ist es erforderlich eine reproduzierbare Qualität und eine gezielt einstellbare Dicke der Schicht zu gewährleisten. Im Hinblick auf die industrielle Umsetzung ist es vorteilhaft dieses während der Konsolidierung der CFK-Komponente durchzuführen.

Die Applikation des Isolierschichtkonzeptes 2 wurde zunächst anhand von Folien der Stärken 25 µm bis 300 µm untersucht. Dabei wurde die Folie auf die Prüfkörper mittels Ethyl-2-cyanacrylat aufgeklebt und diese dann mit dem Aluminium umgossen. Dabei wurden zwei verschiedene Applikationsverfahren des Klebstoffs untersucht: Punktklebungen und flächiges Aufbringen mittels Sprühklebstoff. Dabei zeigte sich das flächige Aufbringen von Vorteil, da so das Handling durch eine größere Fixierungsfläche vereinfacht wurde. In den anschließend angefertigten Schliffbildern zeigte sich eine starke Zersetzung der Isolier- und Grenzschicht (siehe Abbildung 28). Die Folie kann dabei stellenweise in den Aluminiumbereichen wiedergefunden werden, was auf eine Zerstörung unter Strömungsbedingungen im flüssigen Zustand des Aluminiums direkt beim Eingießen hindeutet. Dieses Verhalten zeigte sich in allen der untersuchten Folienstärken, weshalb dieses Konzept verworfen wurde.

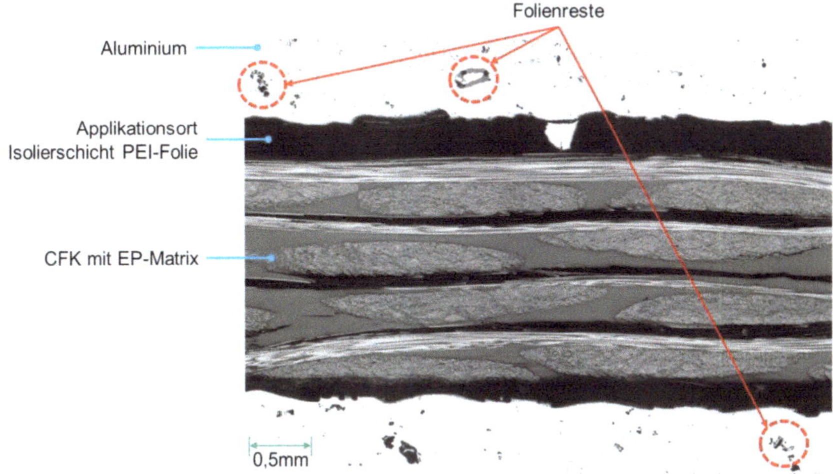

Abbildung 28: Schliffbild einer Probe nach dem Aluminiumdruckguss mit EP-Matrix und PEI-Folie (50 µm)

Für die final gewählte Konzeptvariante mit glasfaserverstärktem PEI fand die Applikation bei dem Lagenaufbau des Preforms statt. Dazu wurde die Kontur aus dem Halbzeug ausgeschnitten und in das Werkzeug eingelegt (siehe Abbildung 29). Dabei nicht mit der Isolierschicht bedeckt waren die Stirnflächen der Preforms, was der Kavität und der Preformingmethode geschuldet war. Für eine Untersuchung der Wirkungsweise und Identifikation der Materialeigenschaften reichen jedoch die zwei bedeckten Flächen aus. Die in AP 2.2 entwickelte Zwischensicht wurde ebenfalls in den trockenen Lagenaufbau eingelegt.

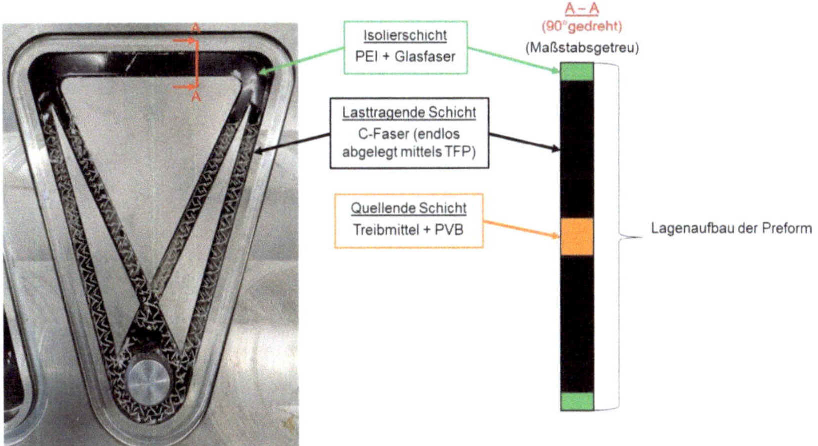

Abbildung 29: Applikation der finalen Variante von Isolierschichtkonzept 2 mit glasfaserverstärktem PEI (2 x 250 µm Schichtstärke)

Konsolidieren der Faserverbundeinleger (AP 3.4)

Im Konzept 2 erfolgte die Konsolidierung der Faserverbundeinleger im RTM-Prozess. Die textilen Preforms wurden in ein geschlossenes RTM-Werkzeug eingelegt und unter einem Druck von 6 bar und erhöhter Temperatur mit einem flüssigen duroplastischen Epoxidharz durchtränkt. Für die anschließende Aushärtung des Harzes wurde die Temperatur auf die vom Hersteller empfohlene Härtetemperatur erhöht, während der Druck für die gesamte Dauer des Aushärtens beibehalten wurde. Die Injektionstemperatur für *RIMR 135* betrug 50 °C mit einer Aushärtetemperatur von 80 °C mit einer Haltedauer von 2 h. Für das Harzsystem *RTM6* wurde die Injektion bei einem identischen Druck von 6 bar und einer Temperatur von 120 °C. Nach der Injektion wurde die Temperatur bei konstantem Druck auf 160 °C erhöht und für 2 h gehalten. Dieses Vorgehen war identisch für Prüfkörper und die hergestellten Brackets.

Die hergestellten Prüfkörper wurden fortlaufend in ihrer Maßhaltigkeit und Toleranz geprüft, da es für den Druckgussprozess enge Anforderungen an die Maßhaltigkeit gibt. Die Prüfkörper müssen für einen reibungslosen Prozess mit einer Toleranz von bis zu -0.1 mm in jede Richtung hergestellt werden, damit die Aluminiumschmelze nicht in ungewünschte Zwischenräume eintritt. Dies konnte während der Projektphase mit den vorhandenen Werkzeugen (Heißpressverfahren und RTM) sichergestellt werden.

Die Herstellung der Brackets mit RTM6 erfolgte mit den oben beschriebenen RTM-Prozessparametern. Dabei wurden insgesamt 15 Brackets mit der finalen Isolierschichtvariante mit Zwischenschicht und 5 mit einer PEI-Folie und ohne Zwischenschicht hergestellt. Der Faservolumengehalt der Verstärkungsfasern (ohne die Glasfasern der Isolierschicht) beträgt für die Brackets 36 %. Für eine Analyse des Gefüges der finalen Variante des Isolierschichtkonzeptes 2, inklusive der Treibmittel-Zwischenschicht wurden Schliffbilder angefertigt, um eine Bewertung der Konsolidierung durchführen zu können. Ein Beispiel ist in Abbildung 30 dargestellt. Die Schichtstärken wurden dabei an jeweils 4 Stellen gemessen und die Dicke als Mittelwert dessen berechnet.

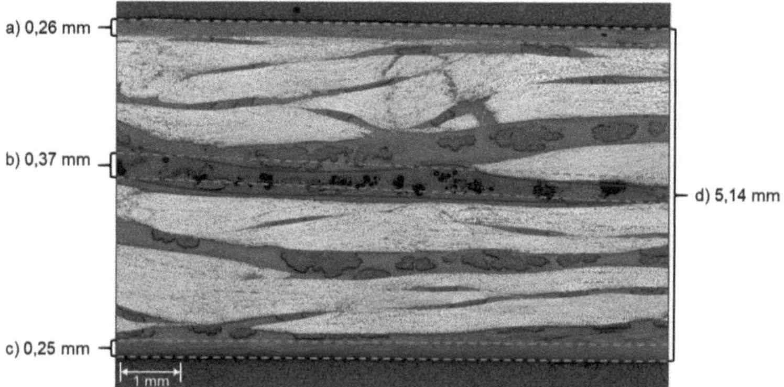

Abbildung 30: Schliffbild einer konsolidierten CFK-Komponente des Brackets mit Isolierschichtkonzept 2 und den Messwerten der Dicke der Isolierschichten a & c, der funktionalen Zwischenschicht mit Treibmittel b) und des gesamten Laminats d)

Die Herstellung der Komponenten mit den hier beschriebenen Prozessparametern wurde im PbA in Beratungsgesprächen diskutiert und bewertet. Für eine Fertigung im Serienprozess sind die hier gewählten Harzsysteme und zugehörigen Zykluszeiten durch ihre hohe Dauer nachteilig und wurde in den PbA Sitzungen dahingehend angemerkt. Für die Versuche im Labormaßstab sind sie allerdings ausreichend.

3.4 Prozessentwicklung Druckguss (HAP 4)

Innerhalb des AP 4 wird auf Basis der in vorangegangen Arbeiten gesammelten Erkenntnisse der Prozess der Herstellung des hybriden Verbundes direkt im Gießprozess der Aluminiumkomponente optimiert. Der Fokus liegt dabei auf einer serientauglichen Umsetzung unter Berücksichtigung von Prozesszeiten, gängigen Materialien sowie industrieseitig zur Verfügung stehender Peripherie. Das zur Verfügung stehende Druckgießwerkzeug kann im Detail (z.B. Wandstärkenverhältnisse) an die Randbedingungen aus den vorangegangenen Arbeitspaketen angepasst werden.

Simulation des Gießprozesses (AP 4.1)

Zu Beginn des Projektes werden nach erfolgter Gestaltung der Fügezone (AP 2) verschiedene Effekte des Gießprozesses auf den Faserverbundeinleger mittels Simulation analysiert, um zunächst Kenntnisse darüber zu erhalten, welche Effekte auftreten können und in weiteren Versuchen detaillierter zu untersuchen sind. Dabei sind hohe Temperaturen, der Thermoschock auf den Faserverbundeinleger, hohe dynamische Kräfte der flüssigen Schmelze auf den Einleger während des Gießens und schließlich die Schrumpfung beim Erstarren und Abkühlen des Gussteils Randbedingungen, die zu hohen Eigenspannungen, Verzug und Kriechvorgängen im Grenzbereich zwischen Einleger und umgebender Aluminiummatrix führen können. Zur tiefergehenden Prozesssimulation der gießtechnischen Realisierung der Verbindung zwischen Faserverbund und Gussbauteil fehlen aktuell noch relevante Daten des Faserverbundes innerhalb der Datenbank für die Gießsimulation. Notwendige Daten (z.B. Wärmeleitfähigkeit, Wärmekapazität, Wärmeübergangskoeffizienten) sollen innerhalb dieses Arbeitspaketes erarbeitet und in ein Materialmodell für die Gießsimulation eingepflegt werden. Dadurch wird es ermöglicht, den neuartigen Materialverbund realitätsnah innerhalb der Prozesssimulation abzubilden und die Randbedingungen geometrie- und bauteilübergreifend zu berechnen. Weiterhin werden parallel zu den in AP 4.2 durchzuführenden Gießversuchen verschiedene Parametervariationen simulativ abgebildet und die Ergebnisse von Berechnung und Versuch miteinander verglichen.

Die unterschiedlichen Gießparametervariationen wurden entsprechend von Erfahrungen aus Vorgängerprojekten und ebenso anhand ihrer technischen Realisierbarkeit bewertet und umgesetzt. Die anschließend festgelegten Gießparameter werden in der folgenden Tabelle dargestellt.

Tabelle 2:   Gießparameter die für alle Versuche mit der Druckgussanlage DAK Frech angewendet wurden

Gießparameter						Wegprofil	
Vorbereitung	☐ Dichteind.	☐ Impellern	☐ Vakuum	☐ Veredelung	☐ Spektralanalyse	s [mm]	v [m/s]
Maschine: Frech DAK 250				Zielparameter:		0	0,00
Form: Hybridguss				$T_{schmelze}$ [°C]: 700 ± 20		10	0,20
Formprogramm: Hybridbracket-TEST				T_{fest} [°C]: 100 ± 20		200	2,00
Drucksensoren: ☐				$T_{beweglich}$ [°C]: 100 ± 20		220	2,00
Temperatursensoren: ☐				$T_{gießkammer}$ [°C]: 200 ± 50		385	2,00
Gießgewicht [g]: 360-400	Umschaltkriterien:					390	1,00
Zuhaltezeit [s]: 10	Weg [mm]: 380		$V_{zweite Phase}$ [m/s]: 2,00				
Abkühlung: abschrecken in	Druck [bar]: 40		Toleranz: ± 0,5				
Wasser	Systemdruck [bar] 105,00		max. Gießdruck [bar]:		Kolbendurchmesser [mm]: 40,00		
			Toleranz:		spez. Gießdruck [bar]: 723,52		

Die Wahl der Parameter für das Wegprofil erfolgte auf Basis von kleineren Vorversuchen und unter Absprache mit einem Gießereitechniker des Fraunhofer IFAM. Besonderes Augenmerk wurde dabei darauf gelegt den Kontakt der Aluminiumschmelze mit dem Faserverbundeinleger auf ein geringmöglichstes Maß zu beschränken. Um den Einfluss der Temperatur auf den Einleger weiter zu reduzieren wird eine Formtemperatur von 100 °C festgelegt. Das in den Vorversuchen ermittelte Wegprofil wird in die numerische Simulation übernommen.

Fertigungsstudie (AP 4.2)

Auf Basis der bestehenden Erkenntnisse und in Serienanwendungen sowie in der Literatur zu findenden Werten, wurde ein erstes Parameterfenster für die Gießparameter definiert. Es ist zu erwarten, dass vor allem die Temperaturen (Werkzeugoberfläche, Schmelzetemperatur) einen hohen Einfluss auf die Hybridverbindung aufweisen. Daher wurde sich bei der Detaillierung der Parameterbewertung zunächst auf diese Parameter konzentriert. Weiterhin besitzt die so genannte Zuhaltezeit der Werkzeughälften nach dem Gießprozess (die Zeit zwischen vollständiger Formfüllung und dem Öffnen des Werkzeugs für die Entnahme) einen Einfluss auf die Wärmemenge, die auf den Faserverbundeinleger einwirkt. Die Zuhaltezeit wurde mit Hilfe von Prozesssimulationen mit der Software *MagmaSoft* (*MAGMA Gießereitechnologie GmbH*) zunächst evaluiert (Abbildung 31), dabei wurde das Materialmodell für den Faserverbund als neues Material in die Gießprozesssimulationssoftware implementiert (vgl. AP 2.1 / AP 4.1). Aus den Ergebnissen lässt sich ableiten, dass eine Zuhaltezeit von 5 s, basierend auf der Simulation, optimal wäre um den Temperatureinfluss möglichst gering zu halten. Diese kurze Zeit lässt sich jedoch nicht auf praktische Versuche übertragen, da der dickwandige Angussbereich (der so genannte „Pressrest") nach 5 s noch nicht erstarrt ist kann es hier zum Platzen des noch flüssigen inneren Bereichs kommen, was nicht erwünscht ist.

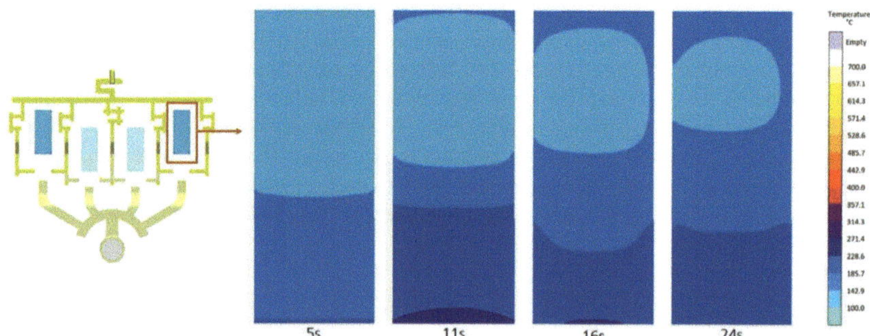

Abbildung 31:   Ergebnisse der numerischen Simulation – Temperaturen in CFK-Oberfläche nach Füllung

Die Auslegung der weiteren Temperaturen und dessen Zusammenspiel zwischen flüssiger Schmelze und Faserverbundeinleger wurde weitestgehend im AP 2.1 bzw. 4.1 betrachtet. Die Inhalte sind im Detail nicht klar zu trennen.

Die erarbeiteten Parameter wurden für die im Rahmen der Gießkampagnen durchzuführenden Versuche übertragen. Innerhalb dieser Versuche wurden in verschiedenen Konzeptvarianten mehrere hundert Hybridproben mit den erarbeiteten Prozessparametern (vgl. nachfolgend die konkreten Werte) umgesetzt (Abbildung 32).

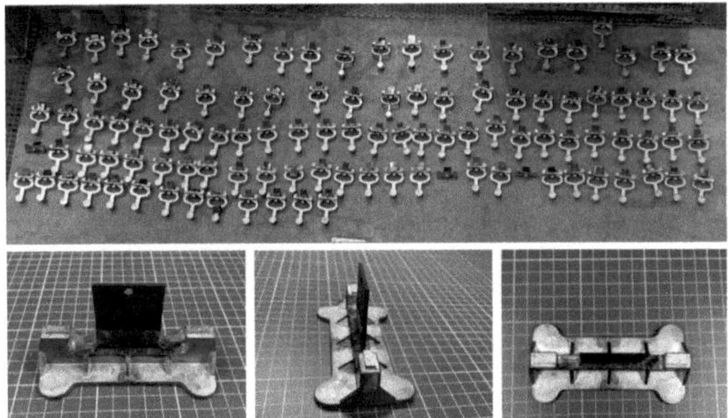

Abbildung 32: oben: Proben nach einer Gießkampagne; unten: einzelne Hybridgussprobe in verschiedenen Ansichten

Abschließend wurden in Fachgesprächen mit Mitgliedern aus dem PbA die in den Versuchen und im Forschungsmaßstab erarbeiteten Fertigungsparameter bewertet und für eine Serientauglichkeit betrachtet und diskutiert. Vor allem folgende in den Versuchen erarbeitete Parameter wurden bewertet:

- Werkzeugtemperatur (im Bereich 100 °C bis 150 °C)
- Schmelzetemperatur (680 °C bis 700 °C)
- Maximale Anschnittgeschwindigkeiten (ca. 43 m/s)
- Nachdruck (500 bar)
- Wärmebehandlung (siehe AP4.3)
- Bewertung erreichbarer Zykluszeiten in Serienumgebung

Zusammenfassend lässt sich sagen, dass die im Projekt erarbeiteten und gewählten Parameter weitestgehend sehr gut mit Serienparametern übereinstimmen. Somit wäre recht einfach eine Implementierung in Serienfertigungsprozessen denkbar. Kritisch wurde die notwendige niedrige Werkzeugtemperatur gesehen. Durch kurze Zykluszeiten und hohe Stückzahlen heizt sich das Werkzeug trotz eingestellter niedriger Temperatur im Verlauf des Prozesses bei Nutzung konventioneller ölbasierter Heiz-Kühlgeräte auf deutlich über 200 °C auf. Hier bestünde für eine Serienanwendung noch Entwicklungs- bzw. Untersuchungsbedarf z.B. den Einlegerbereich für den Faserverbund separat zu kühlen (Spiralkerne mit separater Wasserkühlung), Nutzen einer wasserbasierten Temperierung, punktuelle Abkühlung durch Trennmittel-Sprühprozess. Alle weiteren technischen Parameter liegen im Wertefeld für Serienbauteile – entsprechend abhängig von exakter Geometrie, Anwendung oder Anforderung. Auch die avisierte Wärmebehandlung ist für die befragten Gießereien im Bereich des Möglichen, da im Serienumfeld aus Kostengründen häufig auf eine Wärmebehandlung vollends verzichtet wird (maximal T1 – Abschrecken nach dem Gießprozess). Insofern ist eine Warmauslagerung bei den erarbeiteten Temperaturen für die meisten Anwendungsfälle ausreichend, wenn nicht komplett verzichtbar. Abschließend wurden Diskussionen über erreichbare Zykluszeiten unter Beachtung des zusätzlichen Einlegeprozesses für den CFK-Einleger geführt. Auch hier haben beide Industriepartner den zusätzlichen Schritt nicht kritisch für die Zykluszeiten gesehen, da dieser mit geringem Einfluss entweder über einen separaten Roboterarm oder über einen Greifer, der mit dem Trennmittel-Sprühautomat kombiniert wird, realisiert werden kann.

Wärmebehandlung (AP 4.3)

Um eine geeignete Wärmebehandlung für den Hybridverbund zu bestimmen, wurden zunächst Vorversuche durchgeführt. Ziel dieser Vorversuche war, den Einfluss unterschiedlicher, festgelegter Temperaturen auf die CFK-Einleger zu analysieren. Hierzu wurden die CFK-Einleger bei definierten Temperaturen mit unterschiedlichen Zeitdauern wärmebehandelt und anschließend abgeschreckt. Im Anschluss wurden Biegeversuche durchgeführt, um mögliche Veränderungen der Biegefestigkeit festzustellen.

Die Auswahl der Temperaturen und Zeiten der Wärmebehandlung muss so erfolgen, dass eine Festigkeitssteigerung des Aluminiums erreicht wird, ohne dass die Epoxidharzmatrix oder die Foliensysteme beschädigt werden. Die Grundlage für die Bestimmung der geeigneten Parameter bildet ein Diagramm zur Warmaushärtung von Aluminium. Ausgewählt werden die Temperaturen 190 °C, 170 °C und 150 °C, da diese gemäß der Temperaturbeständigkeit aller beteiligten Materialien geeignet sind. Die entsprechenden Zeitdauern zu den Temperaturen entstammen ebenfalls dem Diagramm. Das Probenprogramm ist der Abbildung 33 zu entnehmen. Durch diese Vorversuche soll ein Verständnis darüber gewonnen werden, welche spezifischen Bedingungen der Wärmebehandlung sowohl die mechanischen Eigenschaften des Aluminiums und des Faserverbundes optimieren und die Integrität der CFK-Einleger bewahren.

Allen Wärmebehandlungen voran steht ein Abschrecken des Hybridverbundes in Wasser (Raumtemperatur) nach dem Gießprozess.

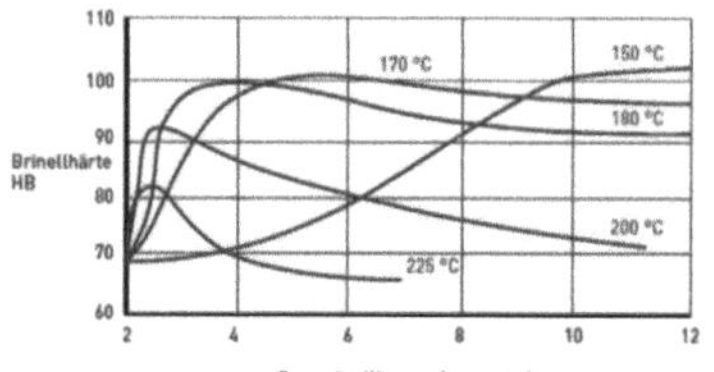

Nr.	Temperatur [°C]	Zeit [h]	CFK-Proben (Anzahl)
1	190	2,5	5
2	170	5	5
3	150	10	5

Abbildung 33:   links: Zeitlicher Verlauf des Warmaushärtens von Aluminium AlSi10Mg bei verschiedenen Temperaturen [Gal07]; rechts: Verwendete Temperaturen und Zeiten bei der Wärmebehandlung der CFK-Platten für die Vorversuche

Nach den Wärmebehandlungen werden die CFK-Platten einem Biegeversuch unterzogen mit dem Ziel, vergleichend Unterschiede festzustellen und damit einen negativen oder positiven Einfluss der Wärmebehandlung auf den Faserverbund quantifizieren zu können. Die Ergebnisse sind in Abbildung 34 dargestellt.

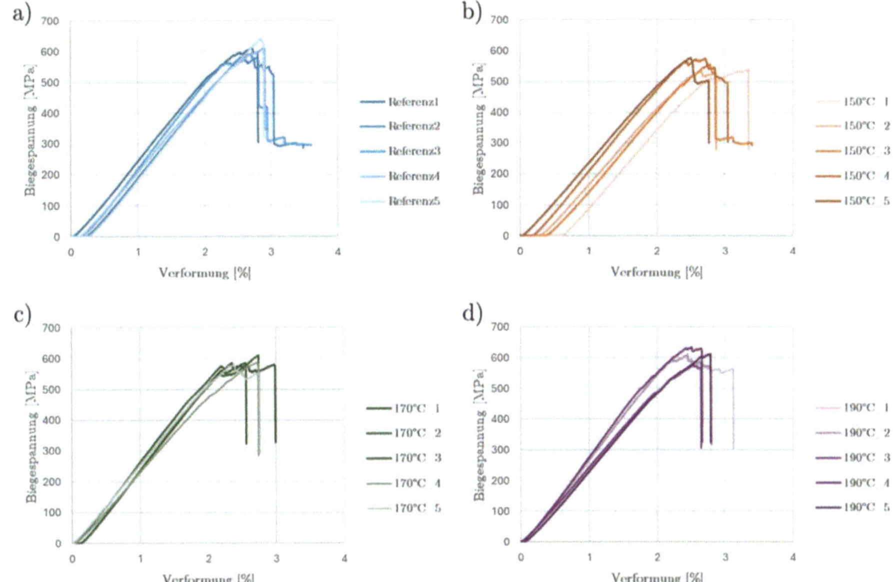

Abbildung 34: Biegespannung in Abhängigkeit der Verformung für vier verschiedene Wärmebehandlungen der CFK-Proben: Referenz ohne Wärmebehandlung (a); Proben mit Wärmebehandlung bei 150 °C für 10 h (b), 170 °C für 5 h (c) und 190 °C für 2,5 h (d)

Die Analyse zeigt, dass eine kurze Wärmebehandlung von 2,5 h bei 190 °C den geringsten Einfluss auf die Biegefestigkeit der CFK-Proben aufweist. Eine länger andauernde Wärmebehandlung auch bei niedrigeren Temperaturen führt zu einer Verringerung der Biegefestigkeit. Dies ist vermutlich auf eine Degradation der inneren Struktur des CFK zurückzuführen, die mit der Dauer der Temperaturexposition zusammenhängt. Eine Verbesserung der mechanischen Eigenschaften im Vergleich zur Referenz wurde nicht festgestellt und wurde auch nicht erwartet. Für den Hybridverbund stellt sich eine Wärmbehandlung potenziell jedoch trotzdem vorteilhaft dar, da die mechanischen Eigenschaften der Aluminiumkomponente signifikant verbessert werden können. Durch die Auswahl einer Wärmebehandlung mit kurzer Dauer (2,5 h) und einer Temperatur von 190 °C kann somit ein positiver Effekt auf die Gesamtstruktur erwartet werden.

3.5 Werkstoff und Bauteilanalyse (HAP 5)

In AP 5 erfolgt eine Charakterisierung der gefertigten CFK-Aluminium-Verbundbauteile. Ziel ist es eine umfangreiche Charakterisierung der CFK-Aluminium-Verbindung zu erstellen und somit die mechanische Leistungsfähigkeit am gesamten Bauteil zu beurteilen. Dies wird mit den numerisch ermittelten mechanischen Daten verglichen, um das Modell zu verifizieren. Zudem erfolgt eine Untersuchung der Korrosions- und Medienresistenz des Bauteils in der späteren Anwendungsumgebung.

Mechanische Charakterisierung (AP 5.1)

Die mechanische Charakterisierung der Prüfkörper mit verschiedenen Formschlusskonzepten erfolgte bereits in Kapitel 3.2.2, weshalb hier eine Betrachtung der Zugversuche des Hybrid-Brackets erfolgt. Die Zugversuche wurden ebenfalls mit der ZwickRoell 250 Universalprüfmaschine durchgeführt (Aufbau siehe Abbildung 35).

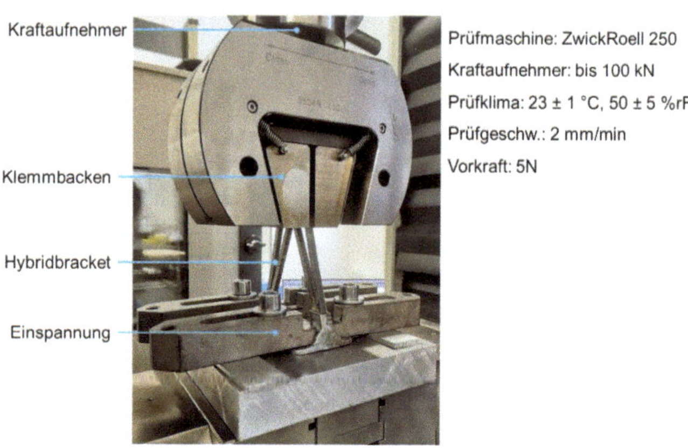

Abbildung 35:   Versuchsaufbau für die Zugversuche mit eingespanntem Prüfkörper (Hybridbracket)

Es wurden drei Zugversuche durchgeführt, wobei eine der Versuchsproben eine Referenzprobe ohne Isolierschicht war. Aller Versuche wurden bis zu einem Abfall der Zugkraftraft um 80 % der Maximalkraft gezogen, die Ergebnisse sind in Abbildung 36 dargestellt.

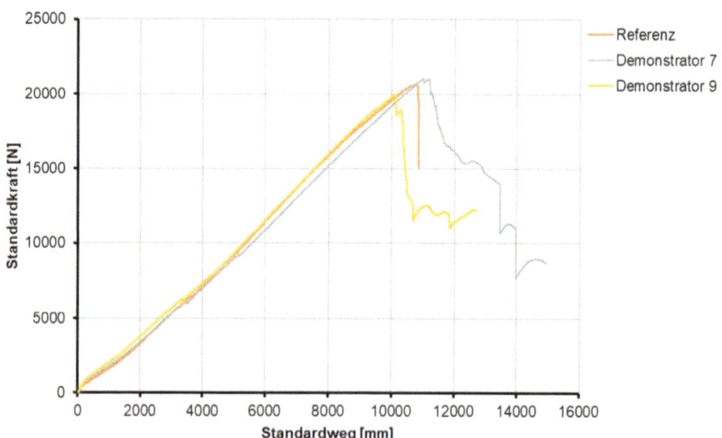

Abbildung 36:   Ergebnisse der Zugversuche von einer Referenzprobe und zwei Hybrid-Brackets; Maximalkräfte: Referenz = 20.695 N, Bracket 7 = 21.059 N, Bracket 9 = 19.944 N

Die drei Proben versagten an einer Stelle der Aluminiumkomponente, an der ein Stempel im Gießprozess einfahren kann um das Aluminium in diesem Bereich lokal nachzuverdichten. Diese Stelle stellt eine Kerbe dar, an welcher die Wandstärke des Aluminiums (bei allen drei Proben) um ca. 2 mm (von 3 auf 1 mm) abnimmt. Dies führte wahrscheinlich zu einer lokalen Spannungskonzentration und damit zum Materialversagen (siehe Abbildung 37).

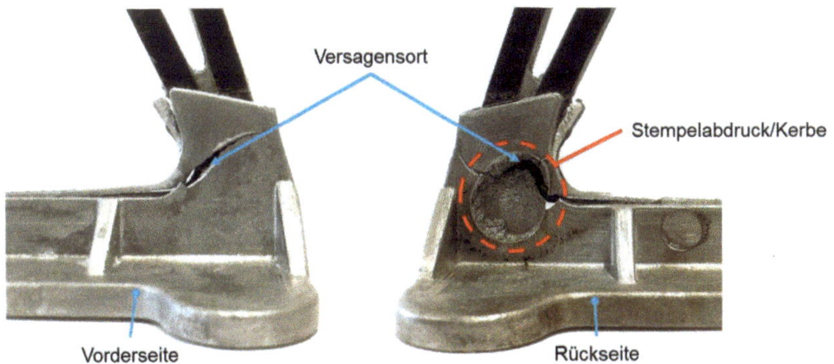

Abbildung 37:   Darstellung des Materialversagens eines Hybrid-Brackets

Ohne die Kerbe und die damit verursachte Abnahme der Wandstärke ist hier noch eine Leistungssteigerung zu erwarten. Vergleicht man die hier erzielten Ergebnisse mit den Ergebnissen des Vorläuferprojektes „Hybridguss", bei dem der geometriegleiche Hybrid-Bracket eine maximale Zugkraft von 14,9 kN erreichte, so zeigt sich hier eine Kraftsteigerung von über 40 % bei Bracket 7. Zu beachten ist dabei außerdem ein geringerer Faservolumengehalt der Kohlefasern von 36 % im Vergleich zu 61 % beim Projekt „Hybridguss".

Korrosionstests und Medienresistenz des Hybridverbunds (AP 5.2)

Zur Beurteilung des Korrosionsverhaltens des Hybridverbundes wurden an der finalen Probenkonfiguration Salzsprühnebeltests nach DIN EN ISO 9227 über einen Zeitraum von 1000 h durchgeführt. Ausgelagert wurden drei Bracket-Proben mit dem finalen Aufbau im Faserverbund sowie beide Komponenten des Hybridverbundes einzeln als Referenz (Gussteil sowie Faserverbund). Die Proben wurden vor dem Auslagern nicht gereinigt oder anderweitig behandelt – die Ausgangsbasis bildet die Oberflächenbeschaffenheit, wie die Bauteile aus dem Gießwerkzeug bzw. der Wärmebehandlung zur Verfügung stehen. Der Start der Proben in der Salzsprühnebelkammer ist Abbildung 38 zu entnehmen. Die Bewertungsgrundlage der Salzsprühnebeltests erfolgt für die vorliegenden Proben rein optisch. Aufgrund der Zusammensetzung des Hybridverbundes liegt der Fokus auf der Betrachtung des Korrosionsverhaltens des Aluminiumgussbereichs. Am Faserverbund wird kein optisch erkennbarer Korrosionsangriff erwartet. Darüber hinaus soll beurteilt werden, ob beim Korrosionsverhalten des Gussteilbereichs ein Unterschied zwischen der Gussteilreferenz sowie dem Hybridverbund erkannt werden kann.

Abbildung 38:   Hybridguss-Proben in der Salzsprühnebelkammer zu Beginn der Auslagerung (0 h)

Die Proben wurden nach 24 h, 168 h sowie 336 h einer optischen Zwischenbewertung unterzogen. Die Ergebnisse zeigen, dass sich auf den Gussteilen über die Zeit wachsender weißer Niederschlag absetzt, der aus dem Salzneben entsteht. Ein optisch erkennbarer Korrosionsangriff kann nicht festgestellt werden. Die Faserverbundbereiche verbleiben nahezu ohne Anhaftungen / Niederschlag, was voraussichtlich durch die weniger raue Oberfläche resultiert. Beispielhaft ist in Abbildung 39 der Vergleich von 24 h und 1000 h eines Gussteilbereichs zu sehen.

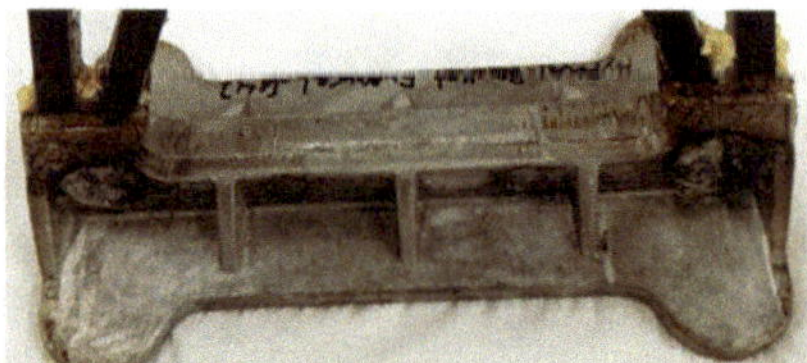

Abbildung 39:   Hybridguss-Probe im Salzsprühnebeltest nach 24 h (links) und nach 1000 h (rechts)

Es kann in den durchgeführten Salzsprühnebeltests somit kein verstärktes Korrosionsverhalten der Hybridbauteile gegenüber alleinigen Aluminiumgussbauteilen festgestellt werden.

In weiteren Versuchen wurden einzelne Proben bei einem PbA-Mitglied einer künstlichen Alterung mit Hilfe eines Klima-Wechseltests unterzogen. Die Tests basieren auf der DIN EN 60068-2-14 mit folgenden Parametern:

Tu = -40 °C (+ / -3 °C) mit 80 % (+ / - 5 %) Luftfeuchtigkeit

To = +80 °C (+ / -3 °C) mit 80 % (+ / - 5 %) Luftfeuchtigkeit

Ein Zyklus gestaltet sich wie in Abbildung 40 dargestellt. In Summe werden die Proben 35 Zyklen zu je 480 min dem Klimawechsel unterzogen, was einer Gesamttestdauer von ca. 280 h entspricht.

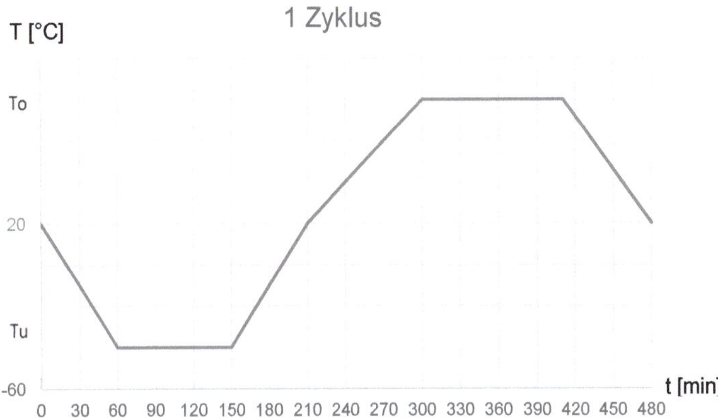

Abbildung 40: Zyklusverlauf des Klimawechseltest in Anlehnung an ISO 16750-4

Die Proben wurden ausschließlich einer optischen Bewertung unterzogen, inwieweit der Klimawechseltest Auswirkungen auf die Hybridproben gezeigt hat. Es wurden insgesamt vier Proben der finalen Bracket-Geometrie den Tests unterzogen (vgl. Abbildung 41).

Abbildung 41: Hybridguss-Proben in Klimawechsel-Kammer bei einem PbA-Mitglied

Die Beobachtungen zeigen keine erkennbaren Auswirkungen auf die Hybridgussproben nach den Klimawechseltests. Es kann zunächst davon ausgegangen werden, dass es im Vergleich zu den einzelnen Materialkomponenten zu keinen Unterschieden im Verhalten durch die Temperaturwechselbeanspruchungen kommt.

Gefügeanalyse (AP 5.3)

Für eine Bewertung des Gefüges wurden Schliffbilder von Hybrid-Brackets mit der finalen Isolier-schichtvariante und als Referenz von einem Hybrid-Bracket ohne Isolierschichtsystem angefer-tigt. Die Ergebnisse dessen werden hier verglichen. Zusätzlich wurden Aufnahmen mit einem Rasterelektronenmikroskop (REM) erstellt, um die Grenzschicht und die Wechselwirkung zwi-schen Isolierschicht und Aluminium zu bewerten.

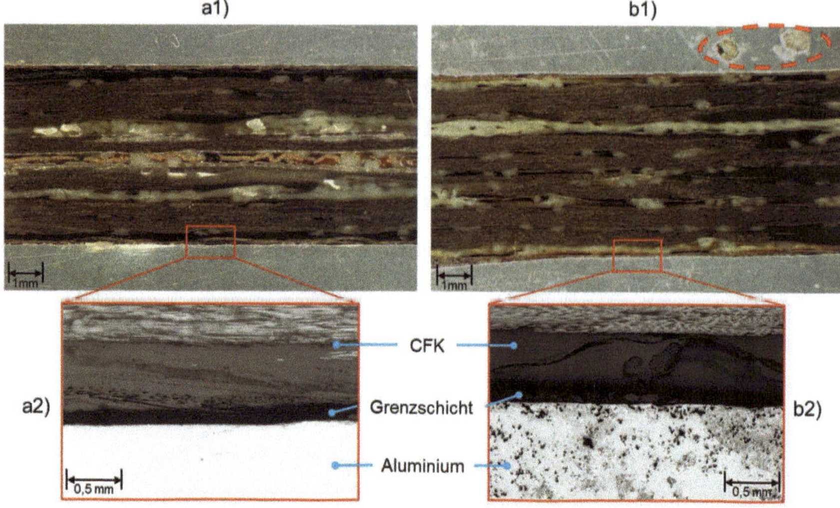

Abbildung 42:   Schliffbilder von einem Hybrid-Bracket mit finaler Isolierschichtvariante (a) und ohne Iso-lierschicht (b)

In den lichtmikroskopischen Bildern der Referenz und des finalen Konzeptes sind die schwarzen Kohlenstofffasern, die weißen Nähfänden sowie die matrixreicheren Schichten/Stellen (farb-los/dunkel) deutlich zu erkennen. Das im finalen Konzept verwendete Treibmittel bildet sich deut-lich als orangefarbener Faden in der Mitte des Laminates (vgl. Abbildung 42 a1) ab.

Ein wesentlicher Unterschied besteht in der Grenzschicht und der Matrix im Randbereich beider Laminate. Bei dem Hybrid-Bracket mit glasfaserverstärktem PEI zeigt sich eine farbliche Verän-derung nur im Bereich der etwa 100 µm breiten Grenzschicht, bei der eine Schwindung des CFK stattgefunden hat. Beim Hybrid-Bracket ohne Isolierschicht ist eine farbliche Veränderung der Matrix über die Grenzschicht hinaus zu erkennen, die auf eine thermische Degradation der Matrix hindeutet. Vergleicht man die Bilder a2 und b2, die im Vergleich eine höhere Vergrößerung ha-ben, so zeigt sich ein deutlicher Unterschied im Aluminium. Während in a2 keine Poren zu erken-nen sind zeigt sich in b2 eine deutlich erhöhte Porosität. Zurückzuführen ist diese möglicherweise auf eine Ausgasung der Matrix, wodurch sich Gaseinschlüsse in der Aluminiumschmelze gebildet haben. Zwei große Poren sind in b1 eingekreist, welche ebenfalls durch Gaseinschlüsse entstan-den sein können. In der folgenden Abbildung 43 sind die Bilder des REM dargestellt, welches eine höhere Vergrößerung erlaubt.

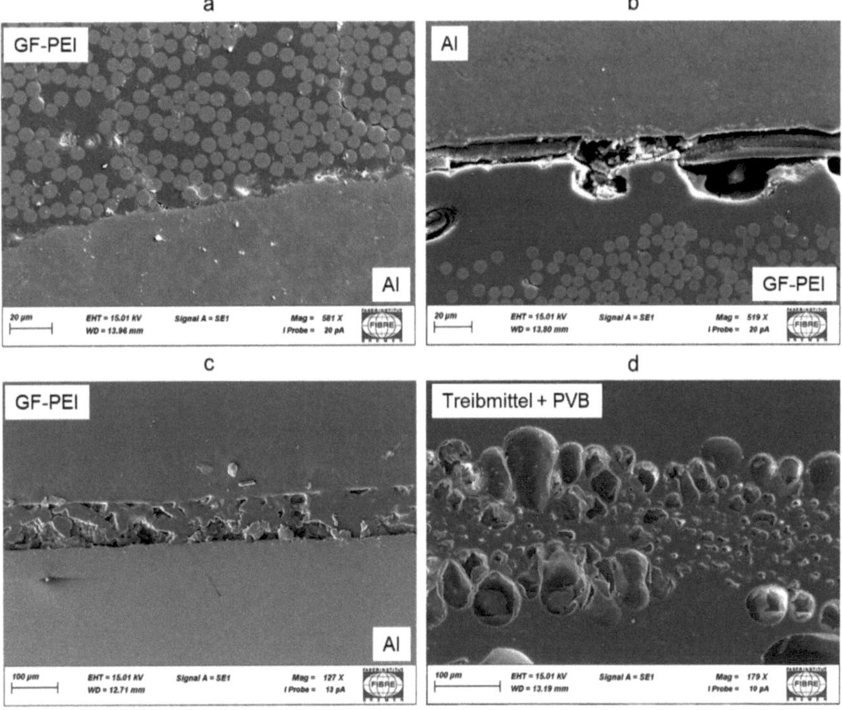

Abbildung 43: Aufnahmen mit dem Rasterelektronenmikroskop: a) eine fehlerfreie Grenzschicht zwischen Isolierschicht und Aluminium; b) einer Grenzschicht mit Porenbildung.

Die Aufnahmen mit dem REM zeigen zwischen a) und b) die schwankende Qualität bzw. den unterschiedlichen Zustand der Grenzschicht, vor allem der Isolierschicht. Die Aufnahmen stammen aus einer Schliffprobe und zeigen noch nicht beherrschte, lokale Ungänzen. In a) zunächst dargestellt ist eine Stelle mit einer Grenzschicht ohne Poren oder Degradierungseffekten. Sie zeigt die lokal mögliche Anbindung der glasfaserverstärkten PEI Isolierschicht mit dem Aluminium. Das zeigt die Tauglichkeit der Isolierschicht und das noch offene Potential, welches durch weitere Prozessanpassungen weiter ausgeschöpft werden kann. In b) und c) zeigt sich eine poröse Grenzschicht, wie sie in Abbildung 42 bereits zu erkennen ist. Im Vergleich ist hier besser zu erkennen, dass die Grenzschicht porös und eine Anbindung trotzdem vorhanden ist.

In diesem Kapitel konnte mit den Aufnahmen die Notwendigkeit der Isolierschicht durch die gezeigten Unterschiede von zwei Schliffproben beleuchtet werden. Sie zeigten aber auch die bisher nicht kontrollierten lokalen Fehlstellen, die mit den eingebrachten Optimierungen zwar verkleinert, aber nicht gänzlich beseitigt werden konnten. Örtliche intakte Grenzschichten und dadurch gewährlistete Anbindung zeigen das Potential des Prozesses und die Funktionstauglichkeit des Hybridguss-Prinzips.

Validierung und Übertragung der Modellierungsansätze (AP 5.4)

Basis der Modellierungsansätze bildet in beiden hier erfolgten numerischen Betrachtungsweisen die korrekte Darstellung des Faserverbundmaterials. Um die hier erstellten Materialmodelle weiter an die Realität anzupassen, ist es notwendig die temperaturabhängigen Kennwerte wie Wärmekapazität, Wärmeübergangskoeffizienten sowie Wärmeleitfähigkeit der Faserverbundmaterialien experimentell zu ermitteln und in das bestehende Materialmodell einzufügen. Die Notwendigkeit dieses weiteren Schrittes beweisen auch die in 0 beschriebenen Ergebnisse der Validierungen des im Rahmen dieses Projektes erstellten Materialmodells. Die leichten Abweichungen zwischen den experimentell ermittelten Temperaturen an der Einlegeroberfläche und -rückseite und den numerischen Ergebnissen können auf ein noch nicht ausreichend präzises Materialmodell zurückgeführt werden.

Im Rahmen, der in diesem Projekt zur Verfügung gestellten Ressourcen waren leider weder die finanziellen Mittel noch der zeitliche Rahmen gegeben, um die nötigen Materialkennwerte für das finale Konzept zu ermitteln.

Erste Gestaltungshinweise lassen sich dennoch bereits aus den numerischen Simulationen sowie den Erfahrungen aus den experimentellen Versuchen ableiten. So ist in der Abbildung 44 eindeutig zu erkennen, dass in Randbereichen, in Bereichen mit scharfen Kanten und dünnwandigen Bereichen erhöhte Temperaturen in den Einlegern auftreten. Dies deckt sich mit den Beobachtungen an realen Proben. Demnach sollten ebensolche vermieden werden. Welche dünnwandigen Bereiche als kritisch einzuordnen sind, bedarf weiterer Untersuchungen. Die Ressourcen zur Erarbeitung genauerer Parameterbereiche haben durch die längeren Bearbeitungen des AP 1.1 als veranschlagt nicht ausgereicht.

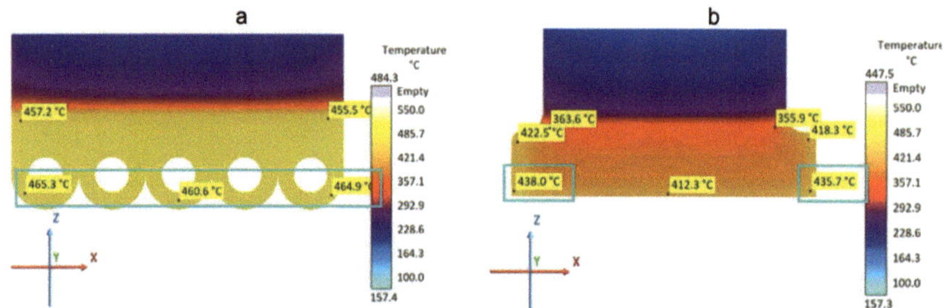

Abbildung 44: Temperatur an der Einlegeroberfläche 10 s nach der Formfüllung für die Formschlusskonzepte G und A.

Eine ausführliche Formulierung von allen abgeleiteten Gestaltungshinweise können dem Abschnitt 0 entnommen werden.

3.6 Übertragung auf industrielle Anwendungsfälle (HAP 6)

Im Rahmen von AP 6 werden parallel zu den praktischen Arbeiten weitere Anwendungsfälle aus dem PbA, wie *herone*, *ae group*, *Ilsemann*, *CTC* und *ZF*, betrachtet. Die praktischen Entwicklungen konzentrieren sich dabei auf das oben beschriebene Beispielbauteil, für das Werkzeuge zur Verfügung stehen und bilden die Ausgangsbasis für die Auslegung weiterer Bauteile mit dem Fügeverfahren.

Lastenheft Anwendungsstrukturen (AP 6.1)

Gemeinsam mit dem PbA wurden Anwendungsstrukturen ausgewählt und betrachtet. Bei den Anwendungsstrukturen (Demonstratoren) handelt es sich um einen Träger für ein Greifersystem, vorgeschlagen von *Ilsemann*, sowie eine Koppelstange für ein Nutzfahrzeug, vorgeschlagen von *ZF*. Bei der Koppelstange handelt es sich um ein um eine Benchmarkstruktur mit einem bereits bestehenden Faserverbundansatz. Beide Demonstratorstrukturen werden in der Abbildung 45 dargestellt.

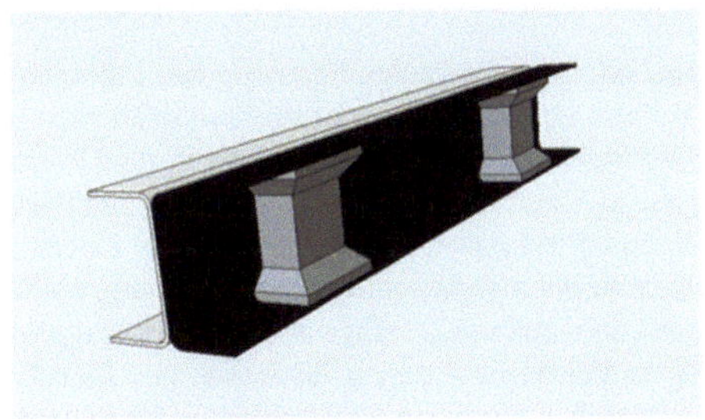

Abbildung 45:   a) Demonstrator Träger für Greifersystem von *Ilsemann* und b) Demonstrator Koppelstange von *ZF*

Entsprechend der abgesprochenen Einsatzbedingungen und mech. Randbedingungen wurde auf Basis der Anwendungsstruktur mit höherer mechanischer Relevanz, der Koppelstange von *ZF*, eine Betrachtung des Belastungszustandes auf numerischer Basis vorgenommen. Die spezifischen Belastungszustände sind der Abbildung 46 zu entnehmen. Von der Firma *Ilsemann* konnten für das Greifersystem leider keine spezifischen Belastungszustände zur Verfügung gestellt werden.

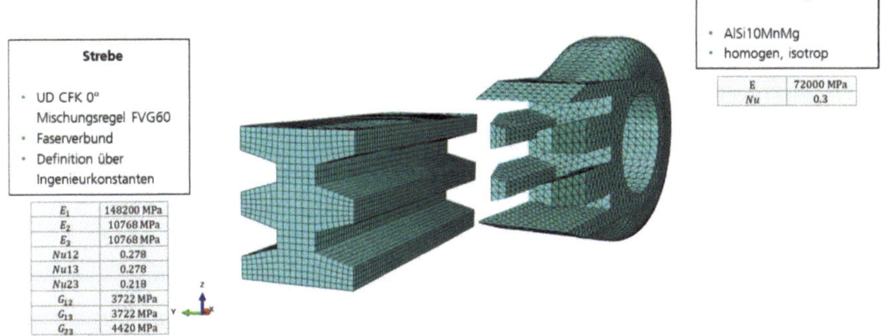

E_1	148200 MPa
E_2	10768 MPa
E_3	10768 MPa
$Nu12$	0.278
$Nu13$	0.278
$Nu23$	0.218
G_{12}	3722 MPa
G_{13}	3722 MPa
G_{23}	4420 MPa

E	72000 MPa
Nu	0.3

Abbildung 46:   Lastenheft des Demonstrators Koppelstange von ZF

Betrachtung der Fertigungskette hinsichtlich faserverbundgerechter Fertigung (AP 6.2)

Für eine serientaugliche Umsetzung ist die jeweilige gewählte (haupt-) Fertigungs-/Preformtechnik ein gängiger Serienprozess. So wird sichergestellt, dass Stückzahlen und vor allem Prozesszeiten wirtschaftlich umzusetzen sind. Nachfolgend wird die Gestaltung der Demonstratoren erläutert, die die gegebenen ökonomischen Randbedingungen erfüllen und dabei die prozesssichere Umsetzung des Faserverbundbauteils für das in diesem Projekt betrachtete Hybridgussverfahren ermöglichen.

Beim in Abbildung 47 gezeigten Demonstrator erfolgt die bisherige Fertigung des Preforms im Flechtverfahren. Dabei werden die Fasern in Form von Rovings um einen Kern geflochten und anschließend konsolidiert. Dabei ist das Einbringen von Funktionsschichten in den Prozess grundsätzlich möglich. So kann die Isolierschicht in Form des GF-verstärkten PEI auf den Wickelkern aufgebracht werden, auf welche die Rovings direkt geflochten werden. Für das Einbringen der Zwischenschicht zum Porenausgleich ist dann ein mehrlagiger Aufbau notwendig, bei welchem diese Schicht (möglichst) in die Mitte des Lagenaufbaus um das Flechtprofil eingelegt wird. Im Fall des Rundprofils ist der Aufwand dafür vergleichsweise gering, die Isolier- und Zwischenschicht können ebenfalls als Rundprofile hergestellt und so das Handling vereinfacht werden. Beim Einbringen von Formschlusskonzepten, in der Abbildung in Form von Bohrungen, können im TFP-Verfahren hergestellte Patches die lokalen mechanischen Eigenschaften des Laminats verbessern. Am Faserinstitut wurde bereits in einem Projekt eine solche Modifikation bei Profilen umgesetzt. [Boy23] Hier bleibt ein konkreteres Konzept um die Isolierschicht in die Bohrungen einzubringen offen, da dies nicht im Projekt betrachtet werden konnte.

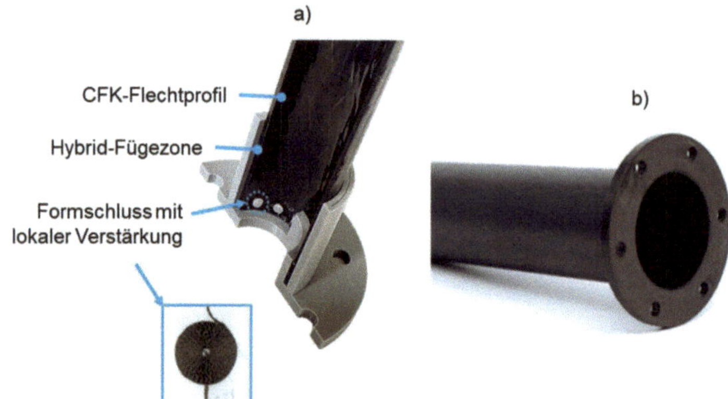

Abbildung 47:	a) Konzeptdemonstrator für eine CFK-Flechtprofil mit Aluminiumflansch im Hybridguss-Verfahren mit Formschluss (CFK-Profil bereitgestellt vom PbA Mitglied *Herone*; Aluminium-Flansch ist additiv gefertigt); b) bisherige Fertigungskonzept des Profils mit Flansch

Bei der Umsetzung des Demonstrators von *ZF* kann das Profil aus Faserkunststoffverbund im Pultrusionsverfahren hergestellt werden. Vom Faserinstitut wurde er in dieser Fertigungsweise im Rahmen eines Projektes bereits untersucht (NeLiPro; TTP LB). Bei der Pultrusion werden Rovings durch ein Matrixbad geführt, konsolidiert und anschließend in einem Durchlaufwerkzeug gehärtet. Dabei können sowohl Außen- und Zwischensichten eingebracht und das Pultrudat lokal verstärkt werden. Der Aufwand um den Prozess dafür zu modifizieren ist hoch und würde sich vor allem für die Herstellung von Bauteilen mit hohen Stückzahlen rentieren.

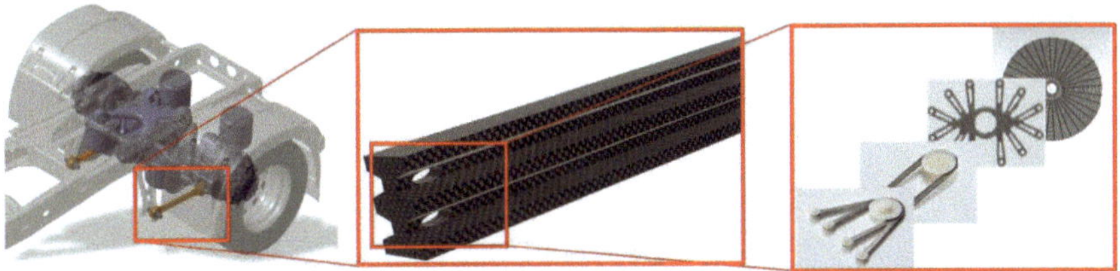

Abbildung 48: Darstellung der Einbausituation der Koppelstange im Fahrgestell, des CFK-Profils mit Aussparungen für einen Formschluss und Beispielen für lokale Verstärkungen

Wichtig bei der Herstellung von Bauteilen sind die Qualitätsanforderungen, die schon während der Konstruktion und Definition des Herstellungsverfahrens zu berücksichtigen sind. Dabei ist nicht nur die Anforderung von Bedeutung, sondern ebenso wie diese gemessen bzw. die Einhaltung dieser nachgewiesen wird. Bei Verbundstrukturen aus Materialien mit unterschiedlichen Eigenschaften ist dies nicht immer trivial und bedarf sicherer Konzepte zur Messung und Detektion von Qualitätsabweichungen. Darüber wurde mit Mitgliedern des PbA diskutiert, mit dem Ziel, geeignete Ansätze für die Qualitätssicherung der Faserverbund-Einleger sicherzustellen. Unterschieden wird dabei zwischen in-situ Messungen, mithilfe derer Abweichungen direkt im Prozess festgestellt werden können und Messungen die am fertigen Bauteil erfolgen. Für die Qualitätssicherung der textilen Einleger bieten sich beim TFP-Verfahren Messungen von z.B. der Spannung des Nähfadens und Rovings an, die mit gängigen Messgeräten quantifizierbar sind. Dabei können leicht Abweichungen bei der Qualität im Herstellungsprozess festgestellt werden und Rückschlüsse auf die Prozessstabilität gezogen werden. Der Faserverlauf der einzelnen Rovings und die korrekte Position des Nähfadens in Verbindung mit dem Höhenprofil der hergestellten Preform können pro Einzellage mittels Lasertriangulation gemessen werden. Am Faserinstitut wurde das im Rahmen eines aktuellen Projektes umgesetzt (SIQ4TFP, AiF Cornet-Nr.: 316 EBG), siehe Abbildung 49.

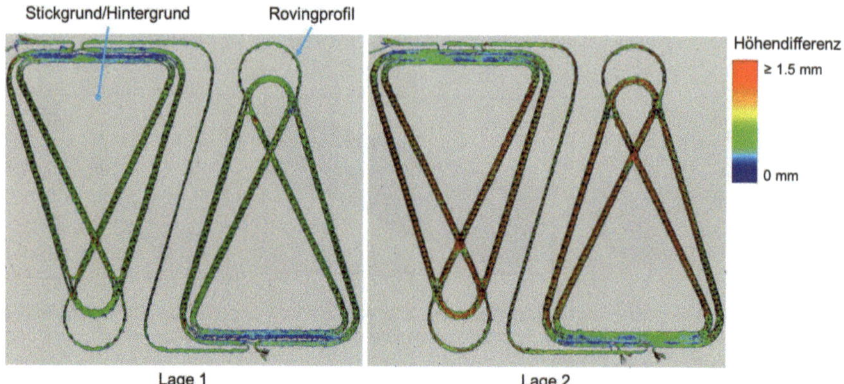

Abbildung 49: Messung mittels Lasertriangulation von zwei Lagen einer Preform; Darstellung von Höhendifferenzen mittels Falschfarben (SIQ4TFP, AiF Cornet-Nr.: 316 EBG)

Bei der anschließenden Konsolidierung können die Prozessparameter wie Temperatur und Druck im Werkzeug gemessen und durch eine aktive Regelung gesteuert werden. Das anschließend konsolidierte Bauteil kann Sicht- und Maßhaltigkeitsprüfungen unterzogen werden, das Gewicht bestimmt und bei Bedarf auch (automatisierten) Ultraschallprüfungen durchgeführt werden. So können Abweichungen wie Poren und Delaminationen festgestellt werden. Stichprobenartig sind auch zerstörende Verfahren wie Zugversuche und Schliffbilder empfehlenswert, da auch hier Rückschlüsse auf die Qualität gezogen werden können. Die letztendlich umgesetzten Maßnahmen hängen von vielen Faktoren wie der Geometrie, der Branche (z.B. Luftfahrt mit hohen Anforderungen) und den Kompetenzen des Herstellungsbetriebes ab.

Numerische Abbildung von Demonstratorstrukturen (AP 6.3)

Der in den vorangegangen Arbeitspaketen bearbeitete Modellansatz wurde in Zusammenarbeit mit dem PbA und unter Berücksichtigung der spezifischen Bauteilanforderungen auf eine Demonstratorstruktur übertragen.

Grundlage für die numerische Umsetzung der Demonstratorgeometrie stellte das Originalbauteil der Koppelstange dar. Aus der Forderung, den Verbundpartner aus FKV als Strangpressprofil fertigen zu können, wurde, angelehnt an das Originalteil, ein Design mit vergrößerter Verbindungszone zur verbesserten Lastübertragung entwickelt. Die Umsetzung des Lastauges erfolgte unter Berücksichtigung von Maßnahmen zur Spannungsreduktion im Übergangsbereich. Auf Basis der Materialkennwerte wurden anschließend die Materialmodelle der beiden Fügepartner aufgebaut. Während das Lastenauge als homogen isotrop angenommen wurde, ist beim Laminataufbau der Strebe die Richtungsabhängigkeit der Eigenschaften berücksichtigt. Die Verbindungszone, deren Belastungszustand im Fokus der Untersuchungen stand, wurde als ideale Verbindung definiert. Über einen Starrköper, der hier einen Bolzen repräsentiert, erfolgte die Lasteinleitung im Auge verschiebungsgesteuert. Die Symmetrieebene der Koppelstange wurde dabei als feste Einspannung definiert. Die Auswertung des Modells erfolgte durch separate Betrachtung des Belastungszustandes der Verbindungszone. Die eindeutige Trennung der einzelnen Belastungsmodi bietet die Möglichkeit geometrische Designänderungen und ihre unmittelbaren Folgen auf den Belastungszustand der Fügezone bewerten zu können.

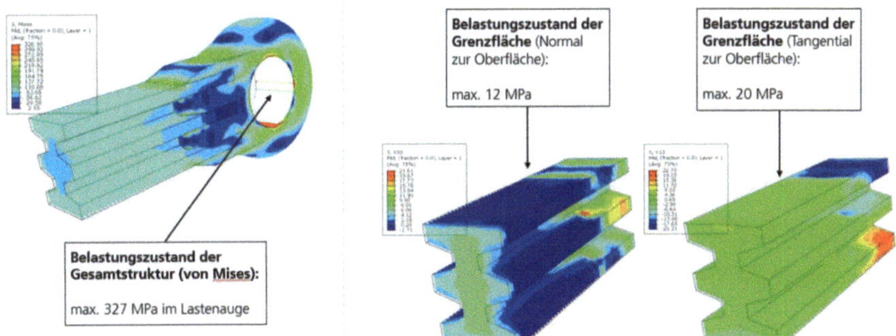

Abbildung 50:   Ergebnisse der numerischen Betrachtung des Belastungszustandes an der Demonstratorgeometrie von *ZF*

Wirtschaftlichkeitsbetrachtung (AP 6.4)

Eine detailliere Betrachtung der Wirtschaftlichkeit hinsichtlich der Kosten, Zeiten und Leistungsfähigkeit des Fügeverfahrens wurde durchgeführt. In Kooperation mit den PbA erfolgte in um-
fangreichen Diskussionen ein Vergleich mit etablierten Serienprozessen.

Die Herstellung der Faserverbundkomponenten für die Hybridbauteile erfolgt mit klassischen und
damit etablierten Verfahren. Je nach Geometrie, Beanspruchung und Stückzahl kann dabei auf
verschiedene Herstellungsverfahren zurückgegriffen werden, wobei Bauteile individuell betrachtet und so eine (ökonomische) Entscheidung getroffen werden muss. Ein Mehraufwand entsteht
beim Lagenaufbau bei der Herstellung der Preforms. Verglichen mit herkömmlichen Faserver-
bundbauteilen sind hier mehr und vor allem unterschiedliche Materialien notwendig, die aufeinan-
der abgestimmt werden müssen. Bei der Auslegung und Gestaltung eines Serienprozesses mit
hohen Stückzahlen sind für das notwendige Preforming gängige Verfahren verfügbar, die bei
Bedarf auch eine vollständige Automatisierung des Prozesses erlauben. Im Falle des Pultrusi-
onsprozesses ist sogar mit keiner Verlangsamung der Prozessgeschwindigkeit zu rechnen, es
kommen jedoch ggf. Investitionskosten für zusätzliche Halterungen, Führungen und eine ange-
passte Prozesssteuerung auf. Die Materialkosten für die Isolier- und Zwischenschicht sind höher
als die im Projekt verwendeten kostengünstigen Matrixmaterialien, welche aber nur lokal eingesetzt werden müssen. Somit ist bei der Betrachtung des gesamten Bauteils keine ausschlagge-
bende Steigerung der Materialkosten zu erwarten. Zusätzlich werden Ressourcen durch das
Wegfallen der ansonsten notwendigen Fügematerialien wie Bolzen oder Klebstoff eingespart und
wirken den zusätzlichen Materialkosten entgegen.

Zur Wirtschaftlichkeitsbetrachtung der Druckgussfertigung lässt sich auf Basis der geführten Ex-
pertengespräche zusammenfassen, dass durch den untersuchten und entwickelten Hybridguss-
Prozess keine wesentliche Änderung in der Zykluszeit des Druckgießverfahrens im Vergleich zu
einem konventionellen Aluminiumdruckgießprozess zu erwarten ist. Es könnten sich leichte Zyk-
lusverlängerungen ergeben durch das Sicherstellen einer niedrigen Werkzeugtemperatur (vgl.
AP 4). Für das Handling und die Prozessgestaltung ist nahezu keine weitere Peripherie notwendig, die zusätzliche Einmalkosten für eine Serienumsetzung verursachen würde. Es ist lediglich
ein Greifersystem für das Einlegen des Faserverbundkörpers in das Druckgießwerkzeug vorzu-
sehen. Der weitere Prozessablauf samt nachgeschalteter Wärmebehandlung unterscheidet sich
nicht von einem konventionellen Aluminiumdruckgießprozess.

Durch das Fügen der Materialien im Urformverfahren der Metallkomponente kann auf nachgeschaltete Fügeprozesse samt notwendiger Reinigungs- bzw. Vorbehandlungsprozesse verzichtet werden. Es ist daher für das gesamte Verbundbauteil eine signifikante Verkürzung der Zykluszeit und Verschlankung der Prozesskette zu erwarten. Gleichzeitig ist die erwartbare Leistungsfähigkeit des Hybridgussverfahrens vergleichbar mit konventionellen Fügeverfahren und wirkt sich nicht negativ auf die Produktionskosten aus. Um hier eine umfassendere Beurteilung abgeben zu können, sind weitere Untersuchungen sinnvoll und notwendig.

Ableiten von Gestaltungsempfehlungen für hybrides Fügeverfahren (AP 6.5)

Die Ergebnisse dieses Projektes erlauben die Formulierung von Empfehlung hinsichtlich der Gestaltung der Geometrie der Faserverbund- und der Aluminiumkomponente und der Wahl der Prozessparameter. Jede Empfehlung basiert dabei auf ihm Rahmen dieses Projektes gewonnenen Erkenntnisse und zeigt qualitative Tendenzen auf, da absolute Werte hier nicht zielführend genannt werden können.

Tabelle 3: Gestaltungsempfehlungen für das hybride Fügeverfahren

Gestaltungsempfehlungen	Erklärung	Skizze
Große Radien in und an der Fügezone → Vermeidung von scharfkantigen und rechtwinkligen Geometrien der FKV-Bauteile	• Drapieren der Isolierschicht mit PEI-Folien und Organoblechen wird erleichtert	
Formschluss gleichmäßig über mehrere Elemente umsetzen	• Bessere Kraftübertragung und begünstigtes Versagensverhalten • Vorbeugen von Wärmestau im FKV	
Gestaltungsfreit der FKV-Bauteile dreidimensional nutzen (z.B. mit lokalen Aufdickungen arbeiten)	• Bessere Kraftübertragung und begünstigtes Versagensverhalten	
Erhöhung der Anschnittgeschwindigkeit	• Möglichst später Aluminiumschmelzenkontakt	
Reduzierung der Werkzeugtemperatur	• Eine möglichst niedrige Werkzeugtemperatur verringert einen kritischen thermischen Einfluss auf das Matrixmaterial	
Verringerung der Zuhaltezeit	• Geringe Wärmeleitfähigkeit der Kunststoffmatrix sorgt für verzögerte Temperaturaufnahme im Einleger • Möglichst kurze Zuhaltezeiten ermöglichen ein Erreichen kritischer Temperaturen im Einleger zu verhindern	

Verringerung der Dauer der Wärmezufuhr durch Abschrecken	• Verringert die Dauer des kritischen thermischen Einflusses der abkühlenden Schmelze auf den Einleger	
Realisieren geringer Aluminiumwandstärken (vor allem in Kontaktfläche mit FKV-Einleger)	• Verringert die Dauer des kritischen thermischen Einflusses der abkühlenden Schmelze auf den Einleger	Al-Wandstärke
Vermeiden von Materialanhäufungen in Kontaktbereich mit FKV-Einleger	• Verringert die Dauer des kritischen thermischen Einflusses der abkühlenden Schmelze auf den Einleger	Al-Wandstärke

3.7 Geplante und umgesetzte Arbeitspakete

Die Arbeitspakete sind größtenteils wie geplant umgesetzt worden. Die Gegenüberstellung der geplanten umgesetzten Arbeitspakete ist der nachfolgenden Tabelle 4 zu entnehmen.

Wie folgt erstellen:

Tabelle 4:   Gegenüberstellung geplante und umgesetzte Arbeitspakete

AP Nr.	Arbeitspakete	
	Geplant	Umgesetzt
1	Materialdefinition	
1.1	• Definition von Anforderungen an die Isolierschicht • Vorauswahl von Werkstoffen für die Isolierschicht • Vorauswahl für textile Halbzeuge mittels TGA • Untersuchung unterschiedlicher Isolierschichtkonzepte	• Vorauswahl von Werkstoffen für die Isolierschicht • Untersuchung unterschiedlicher Isolierschichtkonzepte • Definition der Anforderungen an die Isolierschicht • Ermittlung geeigneter Matrixmaterialien mittels TGA • Untersuchung mehrerer möglicher preisgünstigerer Matrixmaterialien
1.2	• Aufbau erster Materialmodelle für gießtechnische und strukturmechanische Simulationen	• Aufbau erster Materialmodelle für gießtechnische und strukturmechanische Simulationen
2	Gestaltung des Fügebereiches	
2.1	• Auslegung der Verbindungszone mittels FEM ausgehend von vorherigen gießtechnischen Simulationen • Ableitung von Gestaltungshinweisen zur Auslegung der Einleger und der Isolationsschicht • Design unterschiedlicher Prüfkörper für die ausgewählten Belastungsarten	• Definition der geometrischen Randbedingungen für Prüfkörper • Auslegung der Verbindungszone mittels FEM ausgehend von vorherigen gießtechnischen Simulationen • Ableitung von Gestaltungshinweisen zur Auslegung der Einleger und der Isolationsschicht

AP Nr.	Arbeitspakete	
	Geplant	Umgesetzt
	• Festlegung von Bereichen des kohlenstofffaserverstärkten Kunststoffes, der Aluminiumlegierung und des Werkstoffübergangs	• Einzelne Punkte wurden in AP 2.2 durchgeführt
2.2	• Analyse der Umsetzbarkeit unterschiedlicher Formschlusskomponenten • Umsetzung einer prozesssicheren Gestaltung der Isolierschicht	• Design unterschiedlicher Prüfkörper für die ausgewählten Belastungsarten • Festlegung von Bereichen des kohlenstofffaserverstärkten Kunststoffes, der Aluminiumlegierung und des Werkstoffübergangs • Analyse der Umsetzbarkeit unterschiedlicher Formschlusskomponenten • Umsetzung einer prozesssicheren Gestaltung der Isolierschicht mithilfe einer Ausgleichsschicht zur Kompensation von Poren und thermischer Schwindung
3	Prozessentwicklung Faserverbund und Textiltechnik	
3.1	• Konstruktion und Fertigung von zwei RTM-Werkzeugen für die Coupons und Demonstratorstrukturen • Ausstattung des Couponswerkzeugs mit drei Formeinsätzen für Schlaufengeometrien	• Konstruktion und Fertigung von zwei RTM-Werkzeugen für die Coupons und Hybrid-Brackets • Modulares Platten-Couponwerkzeug für Prüfkörper mit unterschiedlichen Dicken
3.2	• Entwicklung unterschiedlicher textiler Preforms für jedes Isolierschichtkonzept • Untersuchung unterschiedlicher textiler Halbzeuge hinsichtlich ihrer Konsolidierungseigenschaften mit PEI • Betrachtung von Textilen mit gezielten Verstärkungsanteilen in z-Richtung	• Entwicklung unterschiedlicher textiler Preforms für jedes Isolierschichtkonzept • Herstellung der textilen Einleger und Optimierung der Prozessparameter für eine Serienfertigung • Untersuchung der unterschiedlichen Formschlusskonzepte mittels einer FEM-Spannungsberechnung
3.3	• Betrachtung der Applikationsmethode der Isolierschicht für Konzept 1 • Analyse von PEI-Folien unterschiedlicher Stärke für Konzept 2 • Analyse und Bewertung von Dicke, Porengehalt und Oberfläche beider Konzepte • Ableitung von Auslegungsrichtlinien für den Materialeintrag der Isolierschichten	• Betrachtung unterschiedlicher Applikationsmethoden der Isolierschicht für Konzept 2 • Analyse von PEI-Folien (mit/ohne Glasfaserverstärkung) unterschiedlicher Stärke für Konzept 2 • Analyse und Bewertung von Dicke, Porengehalt und Oberfläche von Konzept 2 • Ableitung von Auslegungsrichtlinien für die Stärke der PEI-Folien und Verstärkungsfasern
3.4	• Konsolidierung der Faserverbundeinleger • Gefügeanalyse der konsolidierten Einleger zur Analyse der Interaktion	• Konsolidierung der Faserverbundeinleger • Gefügeanalyse der konsolidierten Einleger zur Analyse der Wirksamkeit

AP Nr.	Arbeitspakete	
	Geplant	Umgesetzt
	zwischen Prozessparameter und Materialanteilen	der Ausgleichsschicht und resultierenden Schichtstärken im Laminat
4	Prozessentwicklung Druckguss	
4.1	• Relevante Materialdaten des Faserverbundes ermitteln und das Materialmodell einpflegen • Simulative Abbildung verschiedener Parametervariationen und Vergleich mit Gießversuchergebnissen	• Relevante Materialdaten des Faserverbundes ermitteln und das Materialmodell einpflegen • Simulative Abbildung verschiedener Parametervariationen mit Fokus auf den Temperaturen und Vergleich mit Gießversuchergebnissen
4.2	• Gemeinsame Bewertung der im Projekt erarbeiteten Erkenntnisse hinsichtlich ihrer Vergleichbarkeit mit Serienparametern mit dem PbA • Definition gießtechnischer Fertigungsparameter gemeinsam mit dem PbA • Definition eines Parameterfensters für eine reproduzierbare Umsetzung der Hybridverbindung	• Gemeinsame Bewertung der im Projekt erarbeiteten Erkenntnisse hinsichtlich ihrer Vergleichbarkeit mit Serienparametern mit dem PbA • Definition gießtechnischer Fertigungsparameter gemeinsam mit dem PbA • Definition eines Parameterfensters für eine reproduzierbare Umsetzung der Hybridverbindung
4.3	• Erarbeitung einer Wärmebehandlung als ein Kompromiss aus erreichbareren Verbundfestigkeiten, Zykluszeiten und Materialeigenschaften der Fügeparameter	• Erarbeitung einer Wärmebehandlung als ein Kompromiss aus erreichbareren Verbundfestigkeiten, Zykluszeiten und Materialeigenschaften der Fügeparameter
5	Werkstoff und Bauteilanalyse	
5.1	• Validierung der Modellierungsansätze auf Basis der mechanischen Charakterisierung • Optimierung der bisherigen Modellannahmen zur Anpassung des Simulationsmodells an die Realität • Formulierung von Gestaltungshinweise zur Auslegung der Verbindung hinsichtlich maximaler Lastübertragung für verschiedene Lastfälle	• Mechanische Charakterisierung der Bracket-Demonstratorgeometrie mit finalisiertem Isolierschichtkonzept • Betrachtung und Analyse des Materialversagens des Hybrid-Brackets • Formulierung von Gestaltungshinweise zur Auslegung der Verbindung hin-sichtlich maximaler Lastübertragung für verschiedene Lastfälle
5.2	• Validierung der Funktionsweise der optimalen Isolierschicht durch Korrosionstests • Bestimmung optimaler Isolierschichtdicke	• Validierung der Funktionsweise der finalisierten Isolierschicht durch Korrosions- und Konditionierungstests • Bestimmung optimaler Isolierschichtdicke
5.3	• Analyse der Gefüge der verwendeten Materialien • Vergleich mit Einzelproben der Materialien (vor und nach dem Fügen im Gießprozess)	• Analyse der Gefüge der verwendeten Materialien • Vergleich mit Einzelproben der Materialien (vor und nach dem Fügen im Gießprozess)

AP Nr.	Arbeitspakete	
	Geplant	Umgesetzt
5.4	• Validierung der Modellierungsansätze • Optimierung der Modellannahmen des Simulationsmodells • Definition von Gestaltungshinweisen zur Auslegung der Verbindung hinsichtlich maximaler Lastübertragung für verschiedene Lastfälle	• Aufgrund des Mehraufwandes in AP1.1 sowie des komplexen finalen Konzepts konnten notwendige Materialkennwerte für die Detaillierung des Simulationsmodells nur anteilig und nicht umfassend ermittelt werden. • Definition von Gestaltungshinweisen zur Auslegung der Verbindung hinsichtlich maximaler Lastübertragung für verschiedene Lastfälle
6	Übertragung auf industrielle Anwendungsfälle	
6.1	• Vorschlag von potenziellen Bauteilbeispielen für das Fügeverfahren durch den PbA • Bereitstellung von CAD-Modellen der Bauteilbeispiele durch den PbA • Bereitstellung von spezifischen Bauteilanforderungen der Bauteilbeispiele durch den PbA • Auswahl von zwei Beispielen für die weitere Betrachtung	• Vorschlag von potenziellen Bauteilbeispielen für das Fügeverfahren durch den PbA • Bereitstellung von CAD-Modellen der Bauteilbeispiele durch den PbA • Bereitstellung von spezifischen Bauteilanforderungen der Bauteilbeispiele durch den PbA • Auswahl von zwei Beispielen für die weitere Betrachtung
6.2	• Betrachtung der prozesstechnischen Umsetzbarkeit für Faserverbundbauteile und Isolierschicht für die Anwendungsfälle • Betrachtung der textiltechnischen und lastpfadgerechten Auslegung und Fertigung des Faserverbundbereichs • Umsetzung und Bewertung textiler Preformstrukturen im TFP-Verfahren • Betrachtung Qualitätssicherungsansätze für die industrielle Umsetzung	• Betrachtung der prozesstechnischen Umsetzbarkeit für Faserverbundbauteile und Isolierschicht für die Anwendungsfälle • Betrachtung der textiltechnischen und lastpfadgerechten Auslegung und Fertigung des Faserverbundbereichs • Umsetzung und Bewertung textiler Preformstrukturen im TFP-Verfahren • Betrachtung Qualitätssicherungsansätze für die industrielle Umsetzung
6.3	• Übertragung der Modellansätze auf die Anwendungsfälle • Numerische Betrachtung erreichbarer Festigkeiten der Anwendungsfälle mit Umsetzung des neuen Fügeverfahrens	• Übertragung der Modellansätze auf die Anwendungsfälle • Numerische Betrachtung erreichbarer Festigkeiten der Anwendungsfälle mit Umsetzung des neuen Fügeverfahrens
6.4	• Detaillierte Ermittlung und Betrachtung der Wirtschaftlichkeit hinsichtlich der Kosten, Zeiten und Leistungsfähigkeit des Fügeverfahrens • Vergleich mit etablierten Serienprozessen gemeinsam mit dem PbA	• Detaillierte Ermittlung und Betrachtung der Wirtschaftlichkeit hinsichtlich der Kosten, Zeiten und Leistungsfähigkeit des Fügeverfahrens • Vergleich mit etablierten Serienprozessen gemeinsam mit dem PbA
6.5	• Auswertung praktischer Versuche und der numerischen Betrachtung der Anwendungsfälle • Berücksichtigung möglicher Zusammenhänge	• Auswertung praktischer Versuche und der numerischen Betrachtung der Anwendungsfälle • Berücksichtigung möglicher Zusammenhänge

AP Nr.	Arbeitspakete	
	Geplant	Umgesetzt
	• Nennen von Gestaltungsempfehlungen	• Nennen von Gestaltungsempfehlungen

4. Bedeutung / Nutzen des Forschungsthemas, für kleine und mittlere Unternehmen (KMU)

Die Projektergebnisse sind durch Veröffentlichung des Abschlussberichts der interessierten Öffentlichkeit zugänglich. Dadurch werden kleine und mittlere Unternehmen (KMU) ertüchtigt, die dargestellten Herstellungsprozesse in die industrielle Anwendung zu überführen oder die Ergebnisse als Grundlage für eigene Entwicklungen zu nutzen.

4.1 Wissenschaftlich–technischer Nutzen

Im Rahmen des Projekts wurde eine Möglichkeit zum Fügen von materialhybriden Strukturen aus CFK und Aluminium im Druckgussverfahren geschaffen. Eine große Herausforderung bei dieser Fügemethode ist die hohe thermo-mechanische Belastung der Aluminiumschmelze, weswegen Modifikationen für das CFK entwickelt werden mussten. Dazu wurden verschiedene Isolierschichtkonzepte ausgelegt, analysiert und umgesetzt. Mithilfe einer erfolgreich getesteten Isolierschicht konnte das CFK zusätzlich elektrochemisch vom Aluminium entkoppelt werden und so einer Kontaktkorrosion der beiden Fügepartner vorgebeugt werden. Um die Festigkeit der Verbindung zu steigern wurden verschiedene Formschlussgeometrien untersucht, mit welchen sich die Zugfestigkeit der hergestellten Prüfkörper deutlich steigern ließ. Aus den Ergebnissen konnten Gestaltungsempfehlungen abgeleitet werden, welche KMU helfen, dieses Verfahren einfacher und prozesssicherer umzusetzen.

Gegenüber herkömmliche Fügeverfahren ist von Vorteil, dass klassische Fügeelemente wie Bolzen und Klebstoff, welche zum Teil eine Vorbehandlung der Fügepartner benötigen, vollständig wegfallen. Ebenfalls nicht notwendig ist ein zusätzlicher Korrosionsschutz im Fügebereich. Darüber hinaus lässt sich die Prozesszeit deutlich verkürzen, da der Aluminiumdruckguss deutlich schneller erfolgt als ein Fügen mit herkömmlichen Verfahren. Von besonderer Bedeutung für KMU ist, dass für das Hybridguss-Verfahren etablierte Prozessschritte und Herstellungsmethoden verwendet wurden. Lediglich der Lagenaufbau der CFK-Komponente ist komplexer als bei herkömmlichen Laminaten, ist bei Bedarf und Relevanz aber vollständig automatisierbar.

Zum Projektabschluss sind folgende Ergebnisse erreicht:

- Entwicklung einer Isolierschicht in Kombination mit kostengünstiger duroplastischer Matrix der CFK-Komponente
- Elektrochemische Entkopplung der Fügepartner durch die Isolierschicht
- Auslegung der Grenzschicht und sicherstellen von gleichmäßigen Schichtdicken der einzelnen Lagen nach der Konsolidierung im Laminat
- Mechanische Charakterisierung der Anbindungsfestigkeit und Umsetzung von festigkeitssteigernden Formschlussvarianten zwischen CFK- und Aluminiumkomponente
- Darstellung des Zusammenhangs zwischen der Konstruktion der formschlüssigen Verstärkungsstrukturen, Art des verwendeten textilen Halbzeugs, der weiteren Verarbeitungseigenschaften und der erreichbaren Materialeigenschaften im hergestellten Verbund von CFK und Aluminium
- Betrachtung des Prozesses hinsichtlich Wirtschaftlichkeit, Prozesssicherheit und Tauglichkeit für die Serienfertigung
- Aufbau eines Simulationsmodells für das Materialverhalten im Druckgussprozess und Abgleich mit hergestellten Prüfkörpern

- Analyse des Einflusses der Druckguss-Prozessparameter auf die Eigenschaften der Hybridguss-Bauteile

4.2 Wirtschaftlicher Nutzen insbesondere für kleine und mittlere Unternehmen (KMU)

Die Veröffentlichung der Projektergebnisse trägt dazu bei, dass interessierte Unternehmen an den gewonnenen Erkenntnissen teilhaben und die beschriebenen Herstellungsprozesse übernehmen können. Die Ergebnisse dienen zudem als Grundlage für weitere, eigene Entwicklungen der Unternehmen. Aufgrund der gewählten und etablierten Herstellungsschritte eignet sich das Hybridgussverfahren auch für die Umsetzung durch KMU.

Das Fügen der Komponenten im Druckguss-Prozess führt zu einer Verschiebung der Wertschöpfung von der Bauteil- zur Materialherstellung. Gleichzeitig wird der Funktions- und Herstellungsaufwand der textilen Preforms erhöht und so weitere Herstellungsschritte den KMU zugeteilt. Viele der Unternehmen, die Druckgussbauteile und technische Textilen in Deutschland herstellen, sind den KMU zuzuordnen. Die Unternehmen können die jeweiligen Subkomponenten in ihr Portfolio aufnehmen und so mehr Kompetenzen aufbauen, dafür Arbeitsplätze schaffen und so mehr Umsatz generieren. Die Bereitstellung von Wissen über die Herstellung von Hybridguss-Bauteilen und das Anwenden dieses Herstellungsverfahrens führt dementsprechend zu einer Stärkung der deutschen Textil- und Gießereiindustrie, insbesondere der kleinen und mittelständischen Unternehmen. Da die Herstellung der Komponenten mit etablierten Verfahren erfolgt, sind kaum bis keine Investitionen für die KMU notwendig und eine Umsetzung des Verfahrens sehr zeitnah für die Unternehmen möglich.

Der Einsatz des Hybridgussverfahrens zum Fügen von CFK und Aluminium bietet zusammengefasst folgende wirtschaftliche Vorteile:

- Durch das Einbringen des CFK Einlegers in den urformenden Herstellungsprozess der Aluminium Komponente entfällt der sonst übliche Prozessschritt des Fügens, was zu einer Zeit- und Kostenersparnis führt
- Mechanische Fügeelemente wie Schrauben, Bolzen oder Nieten können eingespart werden, wodurch Ressourcen und Gewicht gespart werden
- Das Fügen von CFK-Aluminium Strukturen findet überwiegend beim Endanwender, meisten OEM, statt → Durch das Fügen beim Gießen wird die Wertschöpfungskette zu KMU dominierten Branchen (z.B. Aluminiumdruckguss, Zulieferer von kleinere Baugruppen) verlagert
- Durch die Entwicklung neuer und leistungsfähigerer Produkte gewinnen die KMU entlang der Prozesskette neue Kunden und erschließen neue Märkte für ihre Produkte, was vor allem die KMU-dominierten Branchen wie Textil, Guss und Numerik oder Dienstleistungen im Zusammenhang mit den Produktionsprozessen stärkt
- Der Einsatz von kostengünstigen thermoplastischen Matrixsystemen ermöglicht den KMU einen Zugang zum Massenmarkt und einen technologischen Vorsprung, um sich am Markt gegenüber der Konkurrenz zu behaupten

Erfolgreiche Lösungskonzepte für Multimaterialbauweisen sind eine interdisziplinäre Herausforderung. Dieses Projekt bringt Experten unterschiedlicher Branchen lösungsorientiert zusammen und ermöglicht so die Initiierung neuer Netzwerke, von denen vor allem KMU profitieren.

4.3 Innovativer Beitrag

Das entwickelte Verfahren schafft die Möglichkeit CFK-Bauteile mit kostengünstiger Matrix mit Aluminiumbauteilen im Aluminiumdruckguss zu fügen. Gleichzeitig wird die zum Schutz vor Kontaktkorrosion notwendige elektrochemische Entkopplung direkt im Prozess umgesetzt, was Prozessschritte reduziert und die Prozesssicherheit steigert. Das Verfahren schafft die wirtschaftliche und ressourcenschonende Möglichkeit bestehende materialhybride Bauteile und Systeme zu optimieren und die Attraktivität von dieser Materialkombination für neue Anwendungsgebiete zu steigern.

4.4 Industrielle Anwendung

Strukturen aus Aluminium und faserverstärkten Kunststoffen haben ein breites Anwendungsspektrum, vor allem in Industrien für die Leichtbau ein wichtiger Bestandteil ist. Dazu zählen unter anderem der Nutzfahrzeugbau, die Luftfahrt und der Boots- und Yachtbau. Auf die verschiedenen Branchen wird nachfolgend eingegangen.

Nutzfahrzeugbau

Lasttragende Strukturen in Nutzfahrzeugen erfahren eine hohe Belastung über eine lange Lebensdauer, weswegen Bauteile vergleichsweise massiv gebaut werden. Dabei wird eine Reduzierung des Fahrzeuggewichtes angestrebt, um eine höhere Zuladung, bei einem gleichbleibenden zulässigen Gesamtgewicht, erreichen zu können. Entsprechende sicherheitsrelevante Aspekte und Fahrzeugverschleiß kommen hierbei genauso zum Tragen wie bei Freizeitfahrzeugen. In Nutzfahrzeugen könnten im Hybridguss gefertigte Bauteile daher, wie beim Demonstrator bereits untersucht, im Fahrwerk eingesetzt werden. Hier können die jeweiligen materialspezifischen Eigenschaften besonders zielführend genutzt und so eine Verringerung des Gewichts erzielt werden.

Luftfahrt

In der Luftfahrt ist Leichtbau von hoher Bedeutung, weswegen hier Bauteile aus Aluminium und CFK häufig in Strukturen verbaut werden. Neben der präzisen strukturmechanischen Auslegung und einem gutmütigen Versagensverhalten ist das Korrosionsverhalten ein wichtiger Faktor, da Flugzeuge stark schwankenden Umgebungsbedingungen unterliegen und dabei mit korrosiven Medien (vor allem in Meeresnähe) in Kontakt kommen. In Flugzeugen könnten im Hybridguss gefertigte Bauteile zum Beispiel in der Flügelstruktur und der Anbindung an den Rumpf verbaut werden. Durch den vermehrten Einsatz von CFK bei aktuellen Flugzeugmodellen sind diese hybriden Materialstrukturen schon vorhanden. Hier können die isotropen Eigenschaften des Aluminiums für Verbindungselemente und das CFK für größere lasttragende Strukturen sinnvoll kombiniert werden.

Boots- und Yachtbau

Im Boots- und Yachtbau werden zunehmend Leichtbaumaterialien und leichtbauoptimierte Strukturen eingesetzt. Dadurch kann der Treibstoffverbrauch reduziert, die Geschwindigkeit der Wasserfahrzeuge erhöht und das Handling verbessert werden. Gerade hier ist darüber hinaus eine Korrosionsbeständigkeit dieser Strukturen von hoher Bedeutung. Deswegen könnten in Booten und Yachten ebenfalls in lasttragenden Strukturen, bei denen größere und flächige CFK-Komponenten verbaut werden und mit dem Rumpf verbunden werden müssen, Hybridguss-Bauteile eingesetzt werden.

5. Ergebnistransfer in die Wirtschaft

Die Ergebnisse des Projekts werden der interessierten Öffentlichkeit sowie Unternehmen, insbesondere KMU durch verschiedene Maßnahmen zugänglich gemacht. Dadurch erhalten diese die Möglichkeit, die Erkenntnisse in die industrielle Anwendung zu überführen oder für eigene Weiterentwicklungen zu nutzen und dadurch ihr Produkt- bzw. Dienstleistungs-Portfolio zu erweitern.

Die Pläne zum Ergebnistransfer der Projektergebnisse in die Wirtschaft während und nach der Projektlaufzeit sind nachfolgend in Tabelle 5 und Tabelle 6 dargestellt.

Tabelle 5: Durchgeführte Transfermaßnahmen

	Maßnahmen	Ziel	Ort/ Rahmen	Zeitraum	Bemerkung
Durchgeführte spezifische Transfermaßnahmen während der Projektlaufzeit	Beratungen mit Unternehmen des PbA	Informations- und Ergebnisaustausch über den Fortschrittsbericht, Abstimmung der Aktivitäten	Treffen des PbA	Halbjährlich	PbA-Treffen inkl. Abschlussmeeting halbjährlich durchgeführt. Digitale Teilnahme wurde ermöglicht
	Internetauftritt, Projektflyer und Präsentationen	Darstellung des Projekts und erzielter Ergebnisse im Rahmen der Öffentlichkeitsarbeit des Faserinstituts und Fraunhofer IFAM	FIBRE/IFAM	Ab 08/2022	Projektflyer und One-Pager wurden erstellt und in regelmäßigen Abständen aktualisiert
	Vorträge auf Symposien und Konferenzen	Öffentliche Darstellung der aktuellen Ergebnisse und Diskussion	Fachkonferenzen	Ab 2023	Erfolgt, Details siehe Kap. 7
	Absprache Lastenheft	Austausch über die Anforderungen an die hybride Verbindung mit Industriepartnern	PbA Mitglieder	2023	div. Abstimmungstermine digital und vor Ort mit Anwendungspartnern Ilsemann und ZF durchgeführt
	Ausstellung auf Messen	Ergebnistransfer in die Wirtschaft	Fachmessen	Ab 2023	Projektinhalte auf GIFA 2023, Euroguss 2024 ausgestellt
	Bachelor- und Masterarbeiten	Heranführen von Studentinnen und Studenten an ein wissenschaftliches Arbeiten zu projektbezogenen Themen	FIBRE/IFAM	Ab 2023	Erfolgt, Details siehe Kap. 7; Einbindung der Auszubildenden Gießereimechaniker am Fraunhofer IFAM in praktische Arbeiten.

Tabelle 6: Geplante Transfermaßnahmen (nach Projektende)

	Maßnahmen	Ziel	Ort/Rahmen	Zeitraum	Bemerkung
Geplante spezifische Transfermaßnahmen nach Abschluss des Vorhabens	Zusammenfassung der Erkenntnisse und Ergebnisse	Aufbereitung Ergebnisse	Abschlussbericht	2025	Veröffentlichung nach Projektende
	Ausstellung auf Messen	Ergebnistransfer in die Wirtschaft	JEC Paris, GIFA2024, ITHEC 2024	Ab 2023	Weitere Darstellung der Ergebnisse geplant (z.B. Euroguss 2026)
	Beratung von interessierten Unternehmen	Beratung von KMU als Zulieferer für Anwender	Workshops über Branchenverbände z.B. CU	Ab 2024	-
	Weiterbildung und Ausbildung	Verwendung der Ergebnisse in Vorlesungen	Vorlesung Universität Bremen, FB 04	Ab 2024	-

6. Veröffentlichungen im Rahmen des Projekts

6.1 Veröffentlichungen

„Hybridguss - Fügen von CFK und Aluminium", Social-Media-Beiträge zum Projektstart (LinkedIn, Xing, Twitter), 19.08.2022

A.-K. Sulz, J. Clausen, A. Marx, P. Schiebel, A- Struß: „Cast hybrid compound between CFRP and aluminum using thermally insulating coating systems", Vortrag auf Euromat 2023, 03 - 07 September 2023, Frankfurt

"New Method Connects CFK and Aluminum – HyFKAl Project Launched", Onlineartikel, Euro-guss365, 28.06.2024

A.-K. Sulz, J. Clausen, M. Möller, P. Schiebel, A- Struß: "Cast hybrid compound between CFRP and aluminium using polymer foils as thermally insulating coating systems", Vortrag auf MSE 2024, 24. – 26. September 2024, Darmstadt

A.-K. Sulz, J. Clausen, M. Möller, P. Schiebel, A- Struß: „Hybridverbindung zwischen CFK und Aluminium", Vortrag auf der thermoPre 2024, 12 – 13. November 2024, Chemnitz

6.2 Studentische Arbeiten

Bachelorthesis: „Experimentelle Untersuchung verschiedener Isolierschichtkonzepte im Aluminium-CFK-Hybridguss", Philipp Maximilian Gropp, Hochschule Bremen, Abgabe: August 2023

Masterthesis: „Entwicklung von Formschlusskonzepten für CFK / Aluminium - Verbindungen für das Hybridgussverfahren", Johannes Lämmle, Universität Bremen, Abgabe: März 2024

Masterthesis: „Experimentelle Untersuchung zur isolierenden Einsetzbarkeit von Polymerfolien-systemen zum Schutz von CFK-Faserverbundmaterialien im Aluminium-CFK-Hybridguss", Jac-queline Maas, Universität Bremen, Abgabe: September 2024

7. Durchführende Forschungsstellen

Forschungsstelle: Faserinstitut Bremen e.V. (FIBRE)

Gebäude IW 3

Am Biologischen Garten 2

28359 Bremen

Telefon:	0421/218 58700
Telefax:	0421/218 3310
E-Mail:	sekretariat@faserinstitut.de

Leiter der Forschungsstelle: Prof. Dr.-Ing. habil. David May

Projektleiter: Marius Möller M. Sc.

Forschungsstelle: Fraunhofer-Institut für Fertigungstechnik und Angewandte Materialforschung (IFAM)

Gebäude WS12

Wiener Straße 12

28359 Bremen

Telefon:	0421/2246-273
E-Mail:	Jan.clausen@ifam.fraunhofer.de

Leiter der Forschungsstelle: Prof. Dr. rer. nat. Bernd Mayer

Projektleiter: Dipl.-Ing. Jan Clausen

8. Verzeichnisse

Abkürzungsverzeichnis

Al	-	Aluminium
AP	-	Arbeitspaket
CF	-	Kohlenstofffaser
CFK	-	Kohlenstofffaserverstärkter Kunststoff
CO2	-	Kohlenstoffdioxid
DFG	-	Deutsche Forschungsgemeinschaft
DLR	-	Deutsches Zentrum für Luft- und Raumfahrt
EP	-	Epoxid
FEM	-	Fenite-Elemente-Methode
FIBRE	-	Faserinstitut Bremen e.V.
FKV	-	Faserkunststoffverbund
FVG	-	Faservolumengehalt
GF	-	Glasfaser
GFK	-	Glasfaserverstärkter Kunststoff
HAP	-	Hauptarbeitspaket
IFAM	-	Institut für Fertigungstechnik und Angewandte Materialforschung
IGF	-	Industrielle Gemeinschaftsforschung
KMU	-	Kleine und mittlere Unternehmen
Mg	-	Magnesium
Mn	-	Mangan
NE	-	Nichteisenmetalle
OEM	-	Original Equipment Manufacturer (Originalgerätehersteller)
PA6 / 66	-	Polyamid 6 / 66
PbA	-	Projektbegleitender Ausschuss
PEEK	-	Polyetheretherketon
PEI	-	Polyetherimide
PP	-	Polypropylen
PPS	-	Polyphenylensulfid
PVB	-	Polyvinylbutyral
REM	-	Rasterelektronenmikroskop
RTM	-	Resin Transfer Moulding
Si	-	Silizium
TFP	-	Tailored Fibre Placement
TGA	-	Thermogravimetrische Analyse
TIL	-	Temperatursensitiver Lack
TP	-	Thermoplast
UD	-	Unidirektional

Tabellenverzeichnis

Abbildungsverzeichnis

Literaturverzeichnis

Bac17 R. Backhaus, "Die Mischung macht's," ATZ Automobiltech, pp. 8–13, 2017.

Bal13 Ballmes, H, Aluminiummatrix-Faserverbundwerkstoffe im Druckgießprozess – Verfahrensgrund-lagen und Produkteigenschaften; Dissertation 2013. Friedrich-Alexander-Universität Erlangen-Nürnberg; Technische Fakultät.

Bau16 A. Bauer, "Korrosionsanalytische Untersuchungen von CFK basierten Hybridwerkstoffen," Universität Paderborn, 2016.

BDG25 BDG - Bundesverband der Deutschen Gießerei-Industrie e. V. https://www.guss.de/organisation/bdg/branche Accessed 8 January 2025.

Boy23 S. Boysen, C. Heimbucher, M.Sc., P. Schiebel, A. Marx, Patch-Pultrusion - Lokale Verstärkung von Pultrusionsprofilen durch lastgerechte Textilstrukturen zur Steigerung der Festigkeit in Fügebereichen,2023, Books on Demand, Band 71

Büt21 Büttemeyer, Holger, Matrixhybride - Werkstoff- und Technologieentwicklung zur form- und stoffschlüssigen Kopplung thermoplastischer und duroplastischer FVK-Laminate 2021, Books on Demand 1. Auflage 2021

Cac04 V. Caccese, R. Mewer, and S. S. Vel, "Detection of bolt load loss in hybrid composite/metal bolted connections," Eng. Struct., vol. 26, no. 7, pp. 895–906, 2004.

Car17 B. E. Carlson, D. Ollet, and S. Kleinbaum, "Final Technical Report - Friction Stir Scribe Joining of Carbon Fiber Reinforced Polymer (CFRP) to Aluminum (General Motors)," 2017.

Com24 Compoistes United e.V., Marktbericht 2023 - Der globale Markt für Carbonfasern und Carbon Composites. 2024

Fri13 H. E. Friedrich, Leichtbau in der Fahrzeugtechnik, 2. Auflage. Wiesbaden: Springer Fachmedien Wiesbaden, 2013.

GAl07 Gesamtverband der Aluminiumindustrie: Wärmebehandlung von Aluminium-Legierungen. Überarb. Ausg. Düsseldorf: GDA, 2007 (Merkblatt / Aluminium-Zentrale W 7

Gal20 A. Galińska, "Mechanical joining of fibre reinforced polymer composites to metals - a review. Part i: Bolted joining," Polymers (Basel)., vol. 12, no. 10, pp. 1–48, 2020.

GTe23 Gesamtverband der deutschen Textil- und Modeindustrie e. V. 2023. Die deutsche Textil- und Modeindustrie in Zahlen

Hüt15 Hüthig Medien GmbH 2015. Compression-RTM – ein effizientes Verfahren https://www.plastverarbeiter.de/verarbeitungsverfahren/compression-rtm-ein-effizientes-verfahren.html Accessed 8 January 2025.

IKB24 IKB Deutsche Industriebank AG Frankfurt, Chancen und Herausforderungen der globalen Gießerei-Industrie bis 2030. Frankfurt, 2024.

Kro19 L. Kroll and D. Nestler, "Verbundwerkstoffe und Werkstoffverbunde," in Technologiefusion für multifunktionale Leichtbaustrukturen, L. Kroll, Ed. Berlin: Springer Vieweg, 2019, pp. 11–22.

Nou25 https://www.nouryon.com/markets/polymer-processing/lightweight-polymers/ Accessed 8 January 2025.

Pra17 A. Pramanik et al., "Joining of carbon fibre reinforced polymer (CFRP) composites and aluminium alloys – A review," Compos. Part A Appl. Sci. Manuf., vol. 101, pp. 1–29, 2017.

Rei13 B. Reinhold, D. Blücher, and M. Korte, "Herausforderungen an Füge- und Oberflächentechnik für zukünftige Leichtbaukonstruktionen im Automobilbau," Materwiss. Werksttech., vol. 44, no. 1, pp. 58–69, 2013.

Sch07 H. Schürmann, Konstruieren mit Faser-Kunststoff-Verbunden, 2. Auflage. Berlin/Heidelberg: Springer Verlag, 2007.

Sta24a Statistisches Bundesamt. 2024. Anzahl der Betriebe in der deutschen Textil- und Bekleidungsindustrie nach Beschäftigtenzahl im Jahr 2023.

https://de.statista.com/statistik/daten/studie/209690/umfrage/unternehmen-in-der-deutschen-textilindustrie-nach-beschaeftigtenzahl/. Accessed 24 October 2024.

Sta24b   Statistisches Bundesamt. 2024. Anzahl der Betriebe in der deutschen Textilindustrie nach Segmenten in den Jahren 2008 bis 2023. https://de.statista.com/statistik/daten/studie/209636/umfrage/unternehmen-in-der-deutschen-textilindustrie-nach-bereichen/. Accessed 24 October 2024.

Sta24c   Statistisches Bundesamt. 2024. Umsatz mit der Herstellung technischer Textilien in Deutschland in den Jahren 2008 bis 2023. https://de.statista.com/statistik/daten/studie/253910/umfrage/umsatz-mit-der-herstellung-technischer-textilien/. Accessed 24 October 2024.

VDG05   VDG, Grundlagen der Gießereitechnik 2005. Power-Point-Präsentation; Verein deutscher Gießereifachleute e.V.

Wil14   M. Wilhelm, "Fügbarkeit von CFK-Mischverbindungen mittels umformtechnischer Prozesse," Technische Universität Dresden, 2014.